L'AGRICULTURE

DU

NORD DE LA FRANCE

PAR

J. A. BARRAL

Directeur du *Journal de l'Agriculture*
Membre de la Société impériale et centrale d'agriculture de France, etc.

TOME PREMIER

LA FERME DE MASNY

EXPLOITÉE PAR M. FIÉVET
Lauréat de la prime d'honneur du département du Nord en 1863

PARIS
LIBRAIRIE D'AGRICULTURE ET D'ÉDUCATION
CH. DELAGRAVE ET Cie, LIBRAIRES-ÉDITEURS
78, RUE DES ÉCOLES, 78

1867

L'AGRICULTURE

DU

NORD DE LA FRANCE

I

IMPRIMERIE GÉNÉRALE DE CH. LAHURE
Rue de Fleurus, 9, à Paris.

L'AGRICULTURE

DU

NORD DE LA FRANCE

PAR

J.-A. BARRAL

Directeur du *Journal de l'Agriculture*
Membre de la société impériale et centrale d'agriculture de France, etc

---

TOME PREMIER

LA FERME DE MASNY

EXPLOITÉE PAR M. FIÉVET
Lauréat de la prime d'honneur du département du Nord en 1863.

PARIS

LIBRAIRIE D'AGRICULTURE ET D'ÉDUCATION
DE CH. DELAGRAVE ET Cie, LIBRAIRES-ÉDITEURS
78, RUE DES ÉCOLES, 78

1867

A Messieurs les Membres du Comice agricole de Lille.

Mes chers Confrères,

Je vous dédie cet ouvrage en témoignage de reconnaissance.

Vous m'avez décerné en 1866 votre première médaille. Vous avez voulu, avez-vous dit, me récompenser du dévouement que j'avais montré, durant vingt-cinq années, pour les intérêts agricoles, et des services que j'avais rendus à la cause du progrès.

Afin de vous remercier des applaudissements que vous m'avez prodigués, j'ai résolu de consacrer une partie des jours qui me sont encore accordés sur cette terre à faire connaître vos travaux.

Ce sera vraiment là, si je parviens à bien dire la vérité, un service réel que je rendrai. Vous êtes, en effet, les premiers agriculteurs du monde. Nulle part, même dans les pays réputés les plus avancés, on ne cultive aussi bien. En aucun lieu, l'homme ne sait autant faire rendre aux champs qu'il laboure.

Si je réussis à vous créer des imitateurs dans les diverses parties de notre France bien aimée, j'aurai fait une chose utile pour la prospérité de notre patrie. Mais c'est à vous, Cultivateurs de la Flandre française, que reviendra le mérite des progrès accomplis par ceux qui vous suivront dans la carrière ouverte par vos pères, et que vous parcourez avec tant d'intelligente persévérance.

Être fidèle dans mes descriptions, obéir à la plus rigoureuse logique dans mes déductions, c'est ce que je m'efforcerai de faire, afin de continuer à mériter vos suffrages. Mais, même en accomplissant de mon mieux la tâche que je m'impose, je ne parviendrai pas à vous montrer toute l'étendue de mon affection et de mon dévouement.

J.-A. BARRAL.

AVANT-PROPOS

La publication de monographies exactes des principales cultures d'un grand empire tel que la France constituerait certainement la meilleure base que l'on pût donner à des perfectionnements de l'Économie rurale.

Ce serait procéder par l'observation et par l'expérience.

Il faut, en agriculture comme dans les sciences, recueillir des faits nombreux avant de conclure.

Les conditions de la production agricole sont trop variées pour qu'on puisse tout d'un coup embrasser dans de pareilles études de grandes étendues de pays. On doit circonscrire les phénomènes afin de les bien apprécier; on peut seulement généraliser, lorsqu'on a réuni un nombre suffisant d'exemples.

Telle est la marche que l'auteur entend suivre pour mener à bonne fin une description complète, exacte et pratiquement utile, de l'agriculture du Nord de la France.

Il était naturel de commencer par la ferme de Masny, qui a remporté, en 1863, la prime d'honneur proposée par le gouvernement, pour la culture du département du Nord la plus méritante. Cette contrée est aujourd'hui cultivée par tant d'hommes remarquables, que l'on peut y trouver plusieurs autres domaines non moins dignes d'être désignés à l'attention ; mais peut-être il n'existait nulle part dans le pays une comptabilité aussi bien tenue, remontant à un aussi grand nombre d'années et qui pût devenir une mine aussi riche pour les conclusions à tirer de l'examen des faits constatés sans parti pris, sans aucun système préconçu, au moment même de leur production.

Une autre considération nous a porté à ouvrir cette galerie par la ferme de Masny, exploitée par M. Constant Fiévet ; nous y avons trouvé, en effet, l'exemple de la culture de la betterave sur une très-grande échelle, associée à une fabrique de sucre. Or, il faut bien le reconnaître, le fait agricole le plus saillant de ce siècle est certainement la propagation de la betterave à sucre, qui produit une matière utile, rapportant beaucoup à l'exploitant du sol sans ruiner la terre, en raison des aliments qu'elle fournit au bétail et des engrais que les fabriques rendent aux champs.

Nous continuerons par la description des domaines les plus variés, de manière à embrasser tous les genres de culture, et nous terminerons par un résumé présentant l'ensemble de tous les systèmes agricoles d'une région qui est devenue la plus riche du monde entier par le génie de ses habitants.

Nous ne nous limiterons pas au département du Nord seul; la région que nous avons en vue est celle où la culture de la betterave s'est fortement développée; elle embrasse maintenant les cinq départements du Nord, de l'Aisne, du Pas-de-Calais, de la Somme et de l'Oise, qui comptent ensemble plus des neuf dixièmes du nombre total des fabriques de sucre existant en France.

Afin de tâcher de mener à bien une telle entreprise, nous avons dû nous garder de nous tenir dans des généralités qui ne peuvent plus rien apprendre à personne. On doit désormais aborder les faits particuliers dans leur aridité la plus abstraite; on doit effectuer les calculs les plus ardus pour faire jaillir la vérité des constatations prises jour par jour à l'instant où les faits se manifestent. C'est, pensons-nous, la seule manière de résoudre sûrement les problèmes si complexes de la production agricole.

Nous n'avons pas craint d'entrer dans les détails les plus minutieux pour obtenir la solution de toutes les questions que présente à l'agronome la meilleure direction à imprimer aux exploitations rurales. Peut-être même trouvera-t-on que nous avons exagéré à cet égard; mais nous ne pensons pas qu'il soit possible de procéder autrement pour arriver à trouver dans les faits un appui solide pour les théories et une vérification irréfutable des principes à mettre en lumière.

Lorsque nous aurons multiplié suffisamment ce genre d'études, nous tenterons d'établir une synthèse; nous ferons un résumé complet de la situation de l'agriculture du Nord dans la seconde partie du dix-neuvième siècle, et nous essayerons de rapprocher les résultats que nous aurons obtenus de ceux donnés par nos devanciers, notamment par M. Cordier, afin de mesurer les progrès réalisés depuis cinquante ans dans cette région où les hommes agissent si énergiquement pour tirer parti de toutes les circonstances favorables et pour lutter contre les chances contraires. Une étude comparée montrera en outre les différences existant entre le Nord de la France et les autres pays les mieux cultivés.

I

LA FERME DE MASNY

PRIME D'HONNEUR DU DÉPARTEMENT DU NORD

EN 1863

Nihil est agricultura melius, nihil utilrius, nihil dulcius, nihil homine libero dignius.

(CICÉRON, *De Officiis*, liv. II.)

Res rustica sine dubitatione proxima et quasi consanguinea sapientiæ est.

(COLUMELLE, *De Re rustica*, liv. I.)

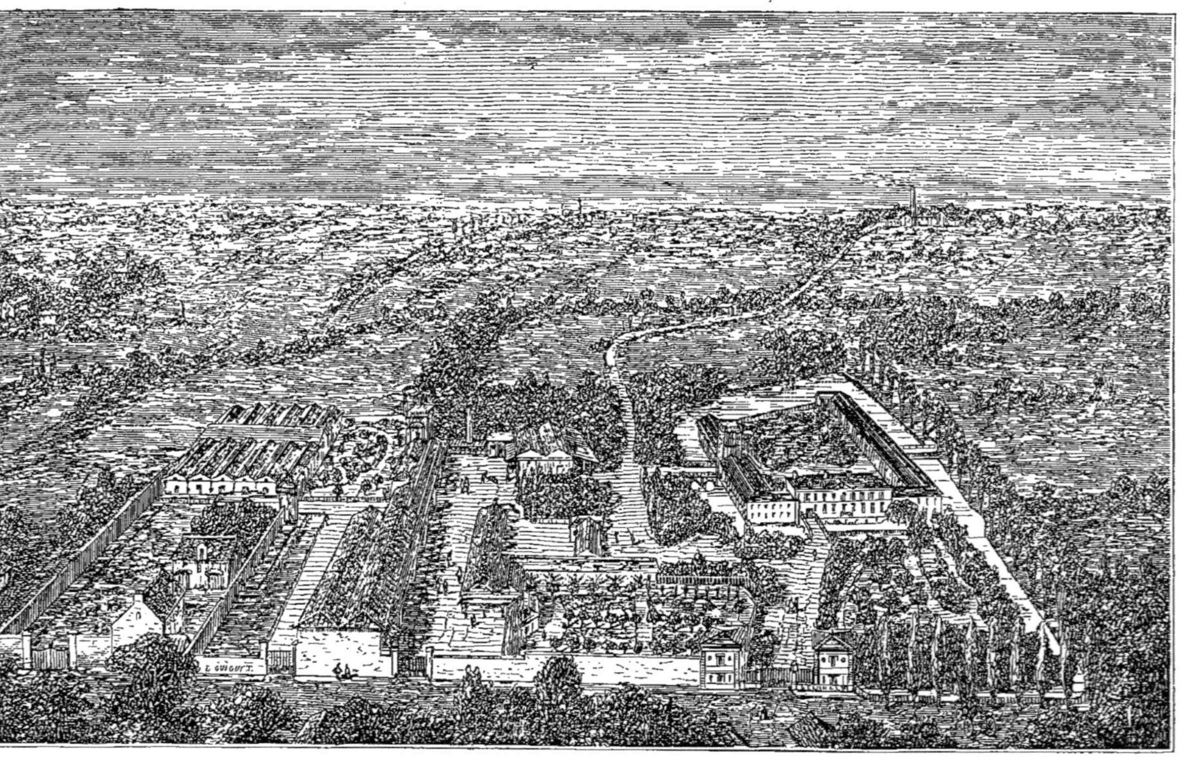

Vue de la ferme de Masny en 1867, prise à vol d'oiseau du côté de l'entrée principale.

Le fondement de l'agriculture est la cognoissance des terroirs que nous voulons cultiver.

(Olivier de Serres, *Théâtre de l'agriculture.*)

ERRATA

P. 54, à la colonne des recettes totales, au total, lire 694,218 fr. 90 au lieu de 694,219 fr. 90;

Ibid., au total des frais, lire 397,897 fr. 50 au lieu de 397,897 fr. 51;

Ibid., à la colonne des bénéfices apparents, pour l'année 1858, lire 1,738 fr. 38 au lieu de 1,738 fr. 33, et au total 296,321 fr. 40 au lieu de 296,323 fr. 30.

P. 55, ligne 8, lire 112,839 fr. 84 au lieu de 112,707 fr. 51.

Ibid., ligne 17, lire 510,737 fr. 35 au lieu de 510,737 fr. 36.

Ibid., ligne 18, lire 183,481 fr. 55 au lieu de 183,482 fr. 54.

P. 56, dans le tableau, à la colonne des frais supplémentaires, lire 14,075 fr. 04 au lieu de 15,075 fr. 04; à la colonne des frais réels, pour l'année 1855, lire 44,312 fr. 42 au lieu de 44,313 fr. 42; dans la même colonne, au total, lire 510,737 fr. 35 au lieu de 510,737 fr. 36; dans la colonne des bénéfices, à l'année 1854, lire 26,827 fr. 80 au lieu de 26,927 fr. 80; enfin, pour les bénéfice totaux en 11 ans, mettre 183,484 fr. 55 au lieu de 112,797 fr. 51.

P. 62, lire ainsi le dernier alinéa : Pour établir ses comptes de culture, M. Fiévet, qui n'emblave le blé qu'après les betteraves, les fèves et les lins, suppose que les betteraves laissent le tiers et les fèves la moitié des engrais dont on a chargé le sol avant de le cultiver. On peut discuter sur quelques-uns de ces chiffres (*le reste comme au texte*).

P. 73, ligne 19, lire 64.5 journées au lieu de 645.

P. 149, ligne 5 en remontant, lire 2,075 hectares au lieu de 2,095.

CHAPITRE PREMIER

UN CONCOURS POUR LA PRIME D'HONNEUR

Le département du Nord est depuis longtemps à la tête du progrès agricole, non pas seulement en France, mais encore en Europe. Aussi la monographie de ses principales fermes présenterait-elle un intérêt considérable pour tous ceux qui veulent se rendre compte des succès et des revers en agriculture. Une autre considération doit faire attacher une grande importance à de pareilles études : c'est une habitude, une sorte de lieu commun sur lequel tout le monde semble tomber d'accord, que de regarder l'agriculture française comme arriérée, comme routinière, comme ayant presque tout à emprunter aux nations voisines, à l'Angleterre surtout, à la Belgique et même à l'Allemagne. Nombre de fois nous avons protesté contre cette injustice; mais, bien qu'Arthur Young, dès la fin du siècle dernier, eût proclamé que nulle part « il n'y avait d'aussi belles et fertiles plaines que celles de la Flandre pour récompenser l'industrie des hommes de ses efforts, » on ne s'arrêtait pas à l'idée que réellement nos cultivateurs du Nord devaient être réputés au moins les pairs des plus habiles dans le monde entier, et dignes de lutter avec les plus renommés des comtés les plus avancés de l'Angleterre.

Maintenant qu'on aura sous les yeux, comme exemple, la belle ferme de Masny, qui, en 1863, dans le Concours solennel ouvert entre les exploitations les mieux dirigées et ayant réalisé les améliorations les plus utiles, a remporté la grande Prime d'honneur pour le département du Nord, nul doute ne pourra plus subsister. On aura la démonstration à côté de l'affirmation.

Ne devra-t-on pas remarquer d'ailleurs que la ferme de Masny n'est pas une exception tout à fait unique?

La lutte pour la prime d'honneur, en effet, a été vive, et le Concours brillant. Citer à côté de M. Fiévet, l'heureux lauréat, M. Cheval, cultivateur à Estreux, et M. Gustave Hamoir, cultivateur à Saultain, c'est, pour les agronomes qui ont visité le si riche arrondissement de Valenciennes, donner la preuve de l'ardeur de la compétition; car ces deux hommes eussent été couronnés que l'opinion publique eût applaudi, comme elle a sanctionné le verdict du jury appuyé sur des fait produits au grand jour et discutés par les juges les plus compétents. Et puis, à côté de ces noms, apparaissent encore ceux de MM. Darche, à Gognies-Chaussée, dans l'arrondissement d'Avesnes; Vandercolme, à Rexpoëde, dans l'arrondissement de Dunkerque; Cardon, à Saint-Python, et Marchant, à Montrecourt, dans l'arrondissement de Cambrai; Vandebeulque, à Tourcoing, et Beaucarne-Leroux, à Croix, près Roubaix, dans l'arrondissement de Lille.

Tant de mérites divers étaient mis en évidence, par ce concours, que le jury a dû demander, pour tous les compétiteurs, des médailles d'or et d'argent au Ministère de l'agriculture. Et cependant, tous ceux qui auraient pu aspirer à la Prime d'honneur ne s'étaient pas présentés dans la lice. Le si regretté M. Lefour, inspecteur général de l'agriculture, président de la commission de visite des fermes, en témoignait le regret dans les termes suivants :

« Tous les concurrents qui pouvaient, dans cette contrée agricole d'élite, aspirer à cette belle récompense, ne se sont pas présentés dans la carrière ; soit par modestie, soit par un sentiment contraire, beaucoup se sont abstenus ; plus éclairés et mieux inspirés une autre fois, ils comprendront que l'abstention est une chose fâcheuse, et pour celui qui s'abstient, et pour la cause du progrès.

« Heureusement que parmi les hommes de bonne volonté qui ont répondu à l'appel de l'administration de l'agriculture, il en est plusieurs qui représentent au plus haut degré la culture perfectionnée du département du Nord, et lors même que la compétition eût été plus nombreuse, le choix du jury fût peut-être resté le même. »

Cette dernière affirmation du mérite du lauréat qui, même en présence de plus nombreux concurrents, eût encore sans doute été proclamé vainqueur, n'est pas seulement un bel éloge pour M. Fiévet; elle donne encore plus d'intérêt à l'étude de son exploitation. Elle n'est pas un éloge banal; elle a l'autorité d'un jugement solennel, car les juges avaient une compétence et une notoriété respectées. A côté de M. Lefour siégeaient MM. Virgile Bauchard, cultivateur, à Origny-Sainte-Benoîte, près de Saint-Quentin (Aisne); Decrombecque, de Lens, lauréat de la Prime d'honneur du Pas-de-Calais en 1862; Dutertre, directeur de la bergerie impériale du Haut-Tingry; Douville, cultivateur à Fransus (Somme); Duclos, ancien cultivateur à Lieusaint (Seine-et-Marne). Le rapport a été fait par M. Pluchet, cultivateur à Trappes (Seine-et-Oise).

Un tel jury offrait la garantie d'un examen approfondi de tous les faits, et d'un sévère apurement des comptes. Il en résulte que l'on peut accorder une grande confiance aux détails que nous allons puiser dans les documents soumis au jury, dans le Mémoire rédigé par M. Fiévet, et notamment dans une remarquable comptabilité, dont M. Pluchet a dit dans son rapport :

« L'histoire des améliorations réalisées à Masny et de leurs résultats positifs a été fidèlement écrite jour par jour, dans une comptabilité sévère qui, par sa clarté, peut servir de modèle. »

Nous ajouterons que la comptabilité de M. Constant Fiévet remonte à 1832, époque vers laquelle il a pris la direction de l'exploitation de Masny; elle était alors imparfaite, mais peu à peu elle s'est perfectionnée. Dès 1852, elle a été rédigée en partie double, avec une extrême rigueur, par les soins d'un comptable spécial pour la fabrique de sucre et pour la ferme. Tous les registres portent la preuve qu'ils ont bien été tenus à leur date, sans aucune idée qu'un jour ils auraient à subir l'épreuve de la contradiction, et à fournir les éléments d'un jugement. Comme le dit encore M. Pluchet, les chiffres de ces registres sont éloquents; ils racontent, d'une manière indiscutable, les faits les plus intéressants; ils proclament, presque malgré M. Fiévet, que cet agriculteur a accompli de grandes choses, et qu'il a obtenu de grands résultats, les plus grands qu'il pût espérer, les plus beaux que le jury d'examen ait eu à constater.

Toutefois, dans les pages suivantes, nous ne ferons aucune comparaison avec les autres exploitations. Nous n'avons pas à juger, comme a fait le jury; nous avons seulement à décrire les faits que nous avons eus sous les yeux, et à l'observation desquels nous avons consacré un grand nombre de journées dans l'espace de deux années. Nous avons appelé à notre aide le crayon d'habiles dessinateurs pour les choses que la plume ne peut bien rendre; nos lecteurs pourront ainsi presque voir par eux-mêmes.

CHAPITRE II

COUP D'ŒIL GÉNÉRAL SUR L'AGRICULTURE DU NORD

Avant de nous occuper de la ferme de Masny, il faut jeter un coup d'œil sur la contrée où elle est située, sur le théâtre où M. Fiévet a été à l'œuvre pendant plus de trente ans. Nous empruntons une partie de cette description au rapport de M. Pluchet, en complétant les détails qu'on y trouve par nos observations particulières et par celles puisées dans l'Annuaire statistique du département du Nord, publié par MM. Devaux père et fils, et dont l'origine remonte à 1830.

Le département du Nord, formé de l'ancienne Flandre française, d'une partie du Hainaut français et du Cambrésis, s'étend sur une superficie de 568,087 hectares. Il est borné au nord, au nord-est et à l'est par la Belgique ; au nord-ouest par la mer du Nord ; à l'ouest et au sud-ouest par le Pas-de-Calais et par la Somme ; au sud et au sud-est, par le département de l'Aisne.

C'est en général un pays de plaines unies et fertiles, jouissant, par son voisinage de la Manche, des avantages des pays à climat maritime, avec des froids assez vifs, des vents souvent violents, mais aussi avec une atmosphère assez humide. Le printemps est tardif, mais l'automne se prolonge au delà de ses limites astronomiques avec un temps assez doux. Depuis quelques années, les pluies semblent diminuer en nombre et en intensité. Les nombreux défrichements qui ont été exécutés paraissent avoir exercé une influence marquée sur les phénomènes météoriques. Les orages sont moins fréquents qu'autrefois, et il règne des sécheresses qui étaient jadis inconnues.

De nombreux cours d'eau, plusieurs rivières navigables, parmi lesquelles l'Escaut, la Sambre et la Scarpe, un grand nombre de canaux, de nombreuses routes pavées et un réseau serré de chemins de fer, sillonnent le pays dans des sens divers et favorisent à la fois l'agriculture, l'industrie et le commerce.

Le sol est en général argilo-siliceux, il manque souvent de calcaire. Sa fertilité naturelle a été multipliée par la persévérance laborieuse du cultivateur flamand, car ici l'on peut dire plus qu'ailleurs encore : Tant vaut l'homme, tant vaut la terre.

« Les plaines fertiles, profondes et unies de la Flandre, a dit Arthur Young, sont aussi belles qu'il est possible d'en trouver pour récompenser l'industrie des hommes. » Mais il faut ajouter que nulle part on n'a mieux reconnu toute l'importance des engrais, et que nulle part on ne sait mieux les recueillir avec soin pour les employer avec abondance.

indépendamment des avantages naturels que la constitution du sol présente à l'agriculture, indépendamment de ceux que le commerce trouve dans de nombreuses voies de communication, l'industrie rencontre aussi, en grande quantité dans ce département, la houille, qui est l'élément le plus indispensable et le plus précieux de son développement et de son activité. Le terrain carbonifère, qui s'étend depuis Marchiennes jusqu'à Condé, qui longe les communes de Flesquières, Neuville, Douchy, Denain, Trith-Saint-Léger, Valenciennes, Anzin et Saint-Saulve, alimente les usines qui couvrent le pays et exporte encore des quantités importantes de houille. Le cultivateur flamand a su tirer parti de tous les résidus de tant de fabriques pour en augmenter la fécondité de son sol. Chaque usine a été en quelque sorte une mine d'engrais, la matière première de l'agriculture.

La richesse agricole, manufacturière et industrielle du Nord a puissamment contribué au développement de la population de ce département, qui, d'après le recensement de 1861, compte 1,303,380 habitants. Cette population s'accroît tous les ans de 1 pour 100 et même plus. En 1856, on comptait seulement 1,212,353 habitants; en 1851, le recensement a donné 1,158,285; en 1847, on a compté 1,132,980 âmes; en 1841, il y en avait 1,085,298; en 1836, la population était de 1,026,417 habitants; en 1831, elle ne s'élevait qu'à 989,938; en 1827, qu'à 962,648, et enfin en 1820, année du premier recensement officiel fait après les traités de paix du 30 mai 1814 et du 20 novembre 1815, à 904.463 habitants. Depuis 1827 les recensements officiels ont lieu dans toute la France tous les cinq ans. L'accroissement moyen annuel pour une période de 40 ans (1820-1860) a été de 10,000 habitants. Pendant l'année 1861, l'excédant des naissances sur les décès a été de 12,453 dans le département du Nord; c'est plus que partout ailleurs, et même que dans le département de la Seine où l'excès des naissances sur les décès n'a été que de 10,672 pour une population totale de 1,953,660 habitants.

Dans aucun autre département, à l'exception de ceux de la Seine et du Rhône, la population n'est aussi dense. On y compte 229 habitants par kilomètre carré (100 hectares); dans le département de la Seine, 4,113; dans celui du Rhône, 237 ; dans celui de la Seine-Inférieure, qui vient immédiatement après le Nord, 130; dans un département moyen, 69 seulement. La moyenne générale dans le département du Nord est de 40 centièmes pour la population urbaine et de 60 centièmes pour la population rurale. La population urbaine est de 53 pour 100, dans l'arrondissement de Lille; de 45.6, dans celui de Valenciennes; de 45.5, dans celui de Cambrai; de 36, dans celui de Dunkerque; de 29, dans celui de Douai, où est située la ferme de Masny; de 21, dans celui d'Hazebrouck; de 15, dans celui d'Avesnes.

La population rurale du Nord possède une aptitude marquée pour les travaux agricoles; mais attirée par les manufactures de certains arrondissements, elle ne suffit pas partout aux travaux du sol, et chaque année des brigades d'ouvriers de la Belgique sont appelés à venir en aide aux agriculteurs du pays. Les manufactures de Lille, de Roubaix et de Tourcoing, sont surtout des espèces de pompes aspirantes pour tous les bras. Aussi le prix de la main-d'œuvre augmente constamment. Voici les détails que nous a donnés M. Fiévet pour son exploitation :

Il y a vingt-cinq ans, un homme gagnait par jour de 1 franc à 1 fr. 25, et une femme 0 fr. 60.

Aujourd'hui le salaire des ouvriers non permanents de la culture est, par journée de dix heures en travail effectif, de 1 fr. 75 à 2 fr. pour les hommes, et de 0 fr. 90 à 1 fr. pour les femmes. A l'époque des travaux pressés, par exemple à celle des moissons, les hommes qui travaillent à la tâche gagnent de 4 à 5 fr. par jour.

Les ouvriers régulièrement attachés à l'exploitation ne sont pas nourris dans la ferme. Ils reçoivent par mois :

Les valets de ferme, les vachers et les bergers, 60 fr.;

Les premiers valets de ferme et les surveillants des ouvriers, 75 fr.

Le surveillant des travaux de la ferme, 110 fr.

Le comptable, qui tient à la fois les livres de la ferme, ceux de la fabrique de sucre et en outre de la fabrique-raffinerie, dirigée par l'un des frères Fiévet, touche 3,500 fr. Il faut savoir payer les bons employés, et la dépense faite pour la comptabilité est une des mieux placées, quoique tant de cultivateurs reculent devant son importance; ils ne savent pas combien elle devient productive par les enseignements qu'elle fournit.

Les différentes constitutions du sol des sept arrondissements du Nord, jointes à des conditions économiques aussi variées, ont déterminé, dans le département, trois ordres de culture distincts : la culture pastorale, la culture mixte, la culture industrielle et intensive.

La partie fort restreinte, comprise entre la Sambre et la frontière orientale du département, qui appartient à l'arrondissement d'Avesnes, présente, par la nature tantôt schisteuse, tantôt glaiseuse du terrain, des obstacles aux travaux de culture ; mais en revanche, l'herbe y croît avec une merveilleuse facilité, et partout où l'on a établi des pâturages et des prairies naturelles, on obtient un fourrage de première qualité. C'est essentiellement un pays d'élevage.

On retrouve des conditions analogues dans une partie de l'arrondissement d'Hazebrouck, mais avec une plus grande quantité de bonnes terres argileuses propres à toutes les cultures.

Le sol uni et sableux de l'arrondissement de Dunkerque, qui s'étend sur les bords de la mer du Nord, présente aussi de grands pâturages. C'est là qu'on trouve les terres dites wateringues, gagnées sur la mer, d'une superficie de 30,000 hectares, et qui forment de belles prairies ; puis les moëres, d'une contenance de 3,000 hectares, qui conviennent aux cultures de printemps et où le lin prospère.

Sur la rive gauche de la Sambre, le terrain change complétement ; les terres argilo-sablonneuses sont susceptibles d'une bonne culture. Tout en conservant une certaine fraîcheur favorable aux herbages, le sol se prête à la culture des céréales ainsi qu'à celle des racines et des plantes oléagineuses. Le système de culture adopté reflète ces conditions économiques. Les usines sont rares. C'est, avec une partie des arrondissements d'Hazebrouck et de Dunkerque, le pays de la culture proprement dite, sans le secours énergique que lui prête ailleurs l'industrie annexée aux exploitations rurales.

En quittant l'arrondissement d'Avesnes pour entrer dans celui de Cambrai, la constitution du sol change de nouveau, la couche arable devient argilo-calcaire; le pays assez accidenté présente le relief de nombreux coteaux dont les pentes assez douces se prêtent facilement au travail de la charrue; la qualité du sol est excellente. L'industrie agricole manufacturière commence à se montrer de tous côtés. Les fabriques d'huile, les fabriques de sucre, les distilleries, les tissages de lin, occupent déjà un grand nombre de bras.

Les arrondissements de Valenciennes et de Douai se sont, pour ainsi dire, fait une spécialité de leurs magnifiques cultures de betteraves. Les fabriques de sucre qui couvrent ce riche pays alimentent toutes les sources du travail agricole et manufacturier, développent la production la plus abondante du blé et de la viande, et offrent le spectacle satisfaisant d'une industrie qui n'arrête l'homme durant quelques mois dans l'atelier que pour le rendre dans toute son activité aux travaux des champs. Les sucreries appellent les bras, lorsque sont passées les grandes occupations des récoltes, et les retiennent pendant une grande partie de l'hiver. Les ouvriers trouvent ainsi dans le pays un travail continu, qui leur permet d'y fixer leurs familles et d'y trouver une aisance véritable. Les verreries et les exploitations houillères contribuent puissamment à augmenter le bien-être de la population ouvrière. Si la terre produit beaucoup, la population elle-même consomme beaucoup. On n'a pas besoin de chercher au loin des débouchés.

Le plaine de Lille, autrefois couverte d'une forêt de moulins à vent, qui donnaient tant de pittoresque à la physionomie du pays, présente aussi une culture industrielle remarquable, mais d'un autre genre. La propriété est extrêmement morcelée. Le tabac, le lin, la betterave, sont cultivés avec de grands soins et à grand renfort d'engrais. C'est là le centre de la culture flamande. Lille, avec ses nombreuses machines à vapeur qui annoncent la multiplicité et la variété de ses industries, et sa population manufacturière toujours croissante; Tourcoing et Roubaix, dont la prospérité et la population augmentent incessamment, donnent une activité extrême au travail. Là tout le monde s'agite, et par mille artères les richesses incessamment produites circulent pour se répandre au loin et revenir à la source.

De magnifiques chemins de fer, dont l'étendue totale dans ce département dépasse 400 kilomètres, et qui s'ajoutent à un réseau de routes et de canaux supérieur à tout ce qu'on peut rencontrer dans les districts anglais les mieux pourvus, sillonnent tous les arrondissements. Les nombreuses stations des voies ferrées sont mises en relation avec les villes, les villages, les hameaux, les fermes isolées, par près de 4,000 kilomètres de routes et de chemins pavés ou empierrés.

CHAPITRE III

POSITION DE LA FERME DE MASNY

L'exploitation agricole de M. Fiévet, à Masny, est située à 8 kilomètres de Douai. Le village compte 900 habitants, et se trouve tout près des bâtiments de la ferme. Le chemin de fer de Douai à Valenciennes passe à l'extrémité du territoire de la commune. La station de Montigny sur ce chemin de fer est à 3 kilomètres de l'habitation du fermier. Une route impériale allant de Calais à Bouchain en passant par Douai traverse les terres de l'exploitation.

On peut voir par la planche III combien sont nombreuses les voies de communication qui sillonnent le domaine en donnant des débouchés sur tous les centres de population environnants, et en outre vers les houillères situées sur les communes d'Auberchicourt, d'Aniche et de Monchecourt.

Les chemins d'exploitation sont ou pavés ou entretenus

avec des scories de fabrique et des débris provenant des verreries. Un petit chemin de fer américain a été établi pour les usages de la Société des houillères d'Azincourt, mais dont celle-ci loue l'usage; il suit le chemin de Monchecourt à Masny, et ensuite celui de Montigny pour aboutir à la station de ce nom sur le chemin de fer de Valenciennes; il a un embranchement dirigé vers la sucrerie de M. Fiévet, qui s'approvisionne ainsi facilement de charbon. Ce même chemin de fer américain amène des betteraves de la station de Montigny où M. Fiévet a un dépôt. Un chemin pavé relie la fabrique à la ferme.

On conçoit qu'avec un tel réseau de chemins la circulation de toutes les denrées est extrêmement facile; il en est de même de celle du nombreux bétail engraissé par la ferme et de tous les attelages. Les travaux de culture, les charrois des engrais et l'enlèvement des récoltes se font avec rapidité et économie.

CHAPITRE IV

CARACTÈRE DISTINCTIF DE L'EXPLOITATION DE MASNY

Dans la ferme de Masny, la sucrerie est essentiellement liée à l'agriculture. La culture y est industrielle; elle est en même temps intensive au plus haut degré.

On sait que l'on reprochait aux sucreries, qui ont l'avantage incontestable de fournir une pulpe excellente pour la nourriture du bétail, d'avoir l'inconvénient d'enlever au sol, en pure perte, une partie notable de ses principes fécondants. Les distilleries perfectionnées suivant les systèmes Champonnois, Leplay, Kessler, n'ont obtenu une grande faveur que parce que le mode d'extraction du jus laisse dans les pulpes non pas seulement la partie solide des betteraves, mais encore les principes solubles jadis entraînés par les jus et perdus dans les résidus des distillations. Les sucreries deviennent à peu près les

Ferme de M. CONSTANT FIÉVET, à Masny (Nord). — Prime d'honneur du concours régional de 1863.

égales des distilleries sous ce rapport, dès que les sels dissous, à l'exception peut-être de ceux qui restent dans les mélasses vendues au dehors, peuvent être rendus au sol. M. Fiévet a résolu ce problème en employant les eaux de sa sucrerie en irrigations, ce qui ne s'était jamais fait avant lui, surtout sur une pareille échelle. Il combine ainsi les avantages de la production d'une pulpe compacte, peu aqueuse, avec ceux de la conservation de tous les principes fécondants essentiels. Toutes les eaux de lavage et aussi celles de condensation qui absorbent les éléments volatils de l'évaporation des jus reviennent au sol et lui donnent une fertilité remarquable.

Ce système d'irrigation tout nouveau qui part de la sucrerie, placé au point culminant de la plus grande partie du domaine (pl. III), mérite de fixer fortement l'attention. On devra remarquer, en outre, qu'en même temps les terres s'égouttent par un système de drainage très-bien établi. Les matières fécondantes n'arrivent jamais dans le sol arable qu'avec une certaine quantité d'air, qui circule pour les rendre assimilables aux plantes. De là la fécondité remarquable des terres de la ferme de Masny.

Comment un problème si difficile a-t-il été résolu d'une manière si avantageuse ? Comment se fait-il que le Nord donne à toutes les parties de la France et surtout au Midi une telle leçon sur les résultats que l'on peut obtenir de l'irrigation ou bien sur le drainage? C'est, répondrons-nous, qu'il s'est trouvé à Masny un homme d'initiative, regardant l'agriculture non comme affaire de règle routinière et immuable, mais comme affaire d'industrie qui doit constamment se modifier pour faire mieux s'il est possible. M. Lefour, dans son discours lu dans la séance de distribution des récompenses du Concours régional de Lille, a parfaitement caractérisé cette situation, et nous devons lui laisser la parole pour spécifier et les services rendus par M. Fiévet, et le but que cet agriculteur, plus praticien que théoricien cependant, a parfaitement atteint en se conformant par le fait aux lois découvertes par la science. M. Lefour s'est exprimé en ces termes :

« Le nom du lauréat de la Prime d'honneur, vous l'avez connu depuis quelques jours, Messieurs ; mais depuis trente ans ses travaux sont appréciés par le département du Nord tout entier. M. Fiévet, de Masny, est la personnification de cette agriculture du Nord, à la fois industrielle et rurale, que nous avons vue successivement se créer et grandir, empruntant tour à tour à la science culturale ses méthodes les plus parfaites, à l'industrie ses plus puissants moyens d'action, ses inventions les plus ingénieuses. A dix-huit ans, M. Fiévet, que la mort venait de priver de la tutelle paternelle, prenait la direction d'une de ces fermes du Nord, cultivée d'après une pratique ancienne, bonne sans doute, mais terre à terre. Doué d'un esprit vif et pénétrant, d'une intelligente activité, le jeune cultivateur sentit bientôt se développer chez lui des aspirations vers le progrès agricole. L'un des premiers, il entrevoit l'avenir de l'industrie sucrière et fonde une fabrique dans laquelle se produiront, à mesure de leur apparition, tous les progrès de cette belle industrie, dont le génie de Napoléon avait deviné la portée, et qui devait fonder l'une des branches de la richesse du pays. M. Fiévet porte dans la culture la même ardeur de perfectionnement. De bonne heure, il comprend la puissance du capital appliqué au sol et de la production maximum. Une partie de ses terres étaient inertes et froides, il les assainit par le drainage. Plus tard, le drainage lui fournit encore un moyen ingénieux pour retenir sur le sol les principes fécondants contenus dans les vinasses de distillerie, qui étaient jetées dans les cours d'eau publics, et devenaient ainsi une cause d'insalubrité déplorable. C'était une pensée heureuse, que d'associer ainsi l'industrie à la culture par des services réciproques.

« Sous l'empire de la même idée, M. Fiévet a trouvé dans sa fabrique de sucre un auxiliaire puissant de fertilisation.

« Le procédé de fabrication par l'appareil à triple effet exigeait l'emploi de près de 20,000 hectolitres d'eau par jour. Pour un homme ordinaire, c'eût été un embarras que d'écouler cette masse considérable; mais l'esprit inventif de M. Fiévet trouve un emploi fécond. Ces eaux vont se répandre dans toutes les parties de la fabrique, qu'elles nettoient en se chargeant de matières fertilisantes, des limons, des écumes, des noirs; puis, dirigées par des fossés, des rigoles et un billonnage habillement combiné, elles vont sourdre dans la plaine; plus de 40 hectares reçoivent ainsi une fertilisation telle, que tout autre engrais y est désormais superflu.

« Je ne vous parlerai pas, Messieurs, de la culture de Masny, amenée aujourd'hui à un maximum que nous n'avons rencontré nulle part; les betteraves, le froment, le lin, donnent des rendements au-dessus de toute moyenne agricole, sur une terre qui ne se repose jamais, qui nourrit une tête et demie de bétail par hectare.

« Je n'insisterai pas davantage, Messieurs, sur les constructions rurales qui font de la ferme de Masny une des exploitations les plus complètes par son ensemble et les ingénieux détails qui se rencontrent à chaque pas.

« Il me suffit de dire que le jury a été unanime.

« En accordant la Prime d'honneur à M. Fiévet, il a voulu constater non-seulement des résultats acquis, mais couronner une carrière de trente années d'une vie de travail et de loyauté. Le jury a voulu encore mettre en relief l'une de ces vieilles familles agricoles, comme on en trouve dans le Nord, au sein desquelles se forment, sous l'influence d'une éducation solide et sévère, non-seulement des cultivateurs habiles, mais qui fournissent encore à la justice les meilleurs magistrats; à l'armée, ses chefs; à l'industrie, ses fabricants et ses entrepreneurs d'élite.

« Les quatre frères Fiévet réalisent en effet cette quadruple alliance du cultivateur, du soldat, du magistrat, de l'industriel; et ce n'est pas une des moindres gloires de l'agriculture de voir ainsi se retremper, au sein de la famille agricole, les forces vives de la nation. »

Nous aimons ces familles qui tiennent au sol par un de leurs enfants les plus intelligents et aux sources vives de la prospérité et de la grandeur de la patrie par d'autres membres non moins distingués. C'est ainsi que l'Angleterre est puissante entre toutes les nations. Qu'il serait désirable que beaucoup de familles françaises eussent, comme la famille des frères Fiévet, un frère ancien élève de l'École polytechnique, un de nos meilleurs camarades de cette grande école nationale, colonel d'un régiment d'artillerie et brave entre tous les braves; un autre, magistrat siégeant dans une des grandes cours de l'Empire; un autre encore, à la tête d'une grande usine; enfin, le quatrième, agriculteur, rattachant le sol aux autres intéoêts importants du pays. L'Angleterre nous donne cet exemple; elle a de plus que nous nombre de ses enfants dans les colonies. Le jour où nous enverrons tous les ans quelques-uns de nos fils dans nos possessions africaines et transatlantiques, la France n'aura pas à redouter d'être taxée d'infériorité ou d'impuissance dans aucune des voies que les nations modernes doivent suivre pour marcher à la tête de la civilisation.

A côté de ce principe de conserver, au moyen de la sucrerie et des irrigations, pour l'entretien de la fécondité des terres du domaine, la presque totalité des matériaux fécondants enlevés par les betteraves, M. Fiévet place encore celui de faire avec les autres cultures le plus d'engrais possible; de faire consommer dans la ferme, afin de les transformer en engrais abondant, la plus grande partie des récoltes; de n'exporter au dehors qu'à la condition de pouvoir, tout en tirant un bénéfice en argent, restituer en définitive plus qu'il n'aura été enlevé. De là cet entretien d'un bétail considérable, cet achat important de tourteaux que nous aurons à signaler. La puissance de fertilité de la terre augmente ainsi en même temps que son revenu. Au milieu des oscillations inséparables de toute impulsion donnée à une œuvre humaine, on constate une rente croissante et aussi une augmentation à peu près continue de la valeur foncière.

CHAPITRE V

DESCRIPTION DE LA FERME DE MASNY

Nous allons, maintenant que les principes qui gouvernent le mode d'exploitation adopté par M. Constant Fiévet sont bien établis, décrire successivement la ferme proprement dite, les terres du domaine, leurs principales améliorations, puis examiner les cultures les plus importantes, les comptes des produits, et enfin les résultats du système adopté, lequel repose non pas sur un assolement invariable, mais bien sur l'alternance des récoltes combinée de manière à obéir néanmoins à la variation de conditions économiques que l'agriculteur ne fait pas, mais qu'il subit.

Les planches I et II représentent en perspective et en plan les bâtiments d'habitation et d'exploitation de la ferme de Masny. Nous donnerons une légende après avoir laissé la parole à M. Pluchet pour la description pittoresque ; nous ne ferons, dans le texte du savant rapporteur de la Prime d'honneur, que de légères rectifications provenant de ce que nous avons pu suivre pas à pas le dessinateur; celui-ci, pour composer la planche I, s'est d'ailleurs placé de manière à voir l'ensemble de la ferme à vol d'oiseau.

La ferme de Masny est exploitée depuis 1831 par M. Constant Fiévet. Les nombreuses constructions nouvelles qui y ont été élevées ne permettent pas de juger ce qu'elle était autrefois. Mais il serait difficile de dire où l'on pourrait rencontrer un ensemble de bâtiments plus complet, mieux disposé et d'un meilleur goût que celui que présente aujourd'hui la ferme de Masny. Placés au milieu d'un enclos fertile d'une contenance de 5 hectares, les bâtiments d'habitation dominent en grande partie (planche I) les terres de l'exploitation sur lesquelles des vues, habilement ménagées par des espaces laissés libres entre les diverses constructions, permettent de suivre au loin par les yeux le spectacle varié des travaux de la culture. Ces percées à travers les bâtiments n'ont pas seulement pour avantage l'agrément de la vue et la facilité de la surveillance; elles ont aussi celui d'isoler entre elles les différentes constructions rurales à une distance suffisante pour diminuer le danger de la communication du feu en cas d'incendie; en outre, elles répandent, par une circulation plus facile de l'air, les meilleures conditions d'hygiène dans les étables garnies de bétail.

L'ensemble des dispositions intérieures des bâtiments témoigne d'une connaissance intime de tous les petits détails essentiels de chacun des services de l'exploitation et mérite une description particulière de chaque bâtiment. Nous en donnons la légende détaillée un peu plus loin.

Le corps de ferme présente une première cour qui constitue un carré dont le côté occidental est occupé par la maison d'habitation, ayant à droite le fournil, la buanderie, etc., et à gauche un passage couvert fermé par une grande porte : c'est l'entrée particulière de l'habitation qui, du côté opposé, donne sur un jardin d'agrément. Des gazons, dont les bords sont rafraîchis par un vivier, se déploient le long des murs de la maison. A gauche de cette entrée, sous laquelle un pont livre passage au filet d'eau qui circule autour du jardin, ont été construites des écuries. A l'extrémité de cette cour, vis-à-vis de l'habitation, une large percée, ouverte sur la plaine, permet de voir des massifs d'arbustes, et au delà une prairie dans laquelle des vaches laitières sont habituellement au pâturage. A droite et à gauche de cette percée, sont des bâtiments servant d'étables d'engraissement.

Le centre de la cour était occupé par une vaste fosse à fumier, entourée d'un côté par un petit mur à hauteur d'appui dans lequel étaient fixés des montants en fer reliés par des rubans de fer tordus formant clôture. De l'autre côté, la fosse à fumier était close par des barrières en bois comme cela se pratique d'ordinaire dans les prairies. Des portes en fer et des glissières en bois permettaient l'accès des voitures pour amener et pour emmener le fumier.

Sur le fumier stationnaient constamment un certain

nombre de têtes de gros bétail destinées à l'engraissement. Les animaux y avaient des mangeoires et des abreuvoirs; ils y séjournaient jusqu'à ce qu'un vide permît de les recevoir dans les étables. Un grand nombre de volailles trouvaient en outre une partie de leur nourriture sur ce fumier et dans un petit clos de verdure situé au delà et que montre la vue perspective. En 1865, cette fosse à fumier a été supprimée et transportée au delà de la grange servant à emmagasiner les fourrages et légumes, en face d'une nouvelle étable que l'on peut justement regarder comme un modèle.

L'aile droite des bâtiments de cette première cour est également occupée par des étables, l'aile gauche par des écuries. Tous ces bâtiments, reconstruits ou remis à neuf, présentent un coup d'œil d'harmonie rustique rehaussée par une éclatante propreté. Les étables d'engraissement, divisées par des cloisons à la hauteur de la tête des animaux, sont habituellement occupées par 100 ou 125 vaches à l'engrais. La disposition des crèches, les distributions d'eau, le pavage du sol, les caniveaux pour l'écoulement des urines, facilitent tous les services.

M. Fiévet attache la plus grande importance à la bonne et prompte exécution de tous les services des étables, afin de laisser aux animaux le plus de repos possible. On peut faire à la construction des anciennes étables le reproche d'être trop basses de plafond; mais c'est un défaut auquel il est dificile de remédier sans de fortes dépenses. Les animaux sont aussi assez souvent trop serrés dans les étables et les écuries; cette habitude est générale dans le

Nord. Peut-être provient-elle de la nécessité de lutter contre le froid des hivers assez longs de la région. Du reste, aucun de ces reproches ne peut être adressé aux étables nouvellement construites.

Les écuries, qui font face aux étables, renferment 37 chevaux, dont 20 appartiennent à M. Fiévet et 17 à l'État. Ces derniers sont tirés de l'artillerie. Les écuries ont, de plus que les étables, des auges-abreuvoirs en pierre bleue placées au-dessous des mangeoires. Un réservoir supérieur déverse dans ces auges, à l'aide de tuyaux, l'eau nécessaire aux chevaux pour se désaltérer sans quitter leurs places.

Au-dessus de la mangeoire où se distribue la nourriture de chaque attelage, des conduits en bois, assez larges pour ne pas s'obstruer, communiquent avec des trémies placées dans le grenier aux fourrages et sont approvisionnées d'avance de fourrage haché, ce qui permet à l'homme de confiance de M. Fiévet de régler sans perte, sans profusion, comme sans parcimonie, la ration individuelle des chevaux.

A la suite des écuries, une large issue couverte sert de communication avec la deuxième cour autour de laquelle s'élèvent les granges, les remises et les ateliers de maréchallerie, de charronnage, etc. Les dimensions harmonieuses de ces bâtiments montrent du premier coup d'œil les vastes espaces occupés par l'emmagasinage des récoltes que produit chaque année l'exploitation de Masny.

Les granges, récemment construites, peuvent recevoir 600 à 700 voitures de gerbes ; elles sont garnies d'auvents où arrivent les chars, ce qui permet de faire le chargement et le déchargement à l'abri des intempéries.

Après l'enlèvement des récoltes, la grande grange que l'on aperçoit sur la droite de la planche, est disposée de manière à servir de bergerie. Cette bergerie abrite sous un ciel de paille, porté par des poutres et des traverses, 600 moutons fort bien logés. La seconde grange, construite au nord et contiguë à la première, communique avec une belle gare couverte abritant la machine à battre.

Dans cette grange ont été placées en avril 1864, après l'enlèvement des récoltes de 1863, de 130 à 140 bêtes à cornes nourries en partie avec des drèches d'une distillerie de seigle et d'orge, située dans le voisinage. Cette distillerie traitait antérieurement des mélasses. Par suite du bas prix des grains, elle s'est transformée, et M. Fiévet, qui avait de grandes quantités de pailles en réserve, a profité de la circonstance pour faire une spéculation accidentelle d'engraissement, et pour convertir en fumier ses pailles, qui seraient restées longtemps sans emploi.

Tout à côté s'élève une tour servant à abriter quatre grands cylindres en tôle, d'une contenance totale de 3,000 hectolitres; ces quatre cylindres et un cinquième, de moindre dimension, communiquant avec un grenier d'expédition, sont destinés à recueillir et à conserver les grains jusqu'au moment de la vente. Ils reçoivent directement par une chaîne à godets le grain à sa sortie de la machine à battre. Ces magasins d'un nouveau genre sont placés au-dessus d'un système de nettoyage, et, par le moyen d'une autre chaîne à godets, les grains peuvent à volonté, après avoir été ventilés, être reversés dans l'un ou l'autre des cylindres.

Le transport des gerbes que l'on destine au battage se fait par des voitures qui viennent s'abriter sous la gare placée près de la machine à battre. Cette machine est mue par la vapeur, ainsi que tous les autres instruments pour la manipulation des récoltes et la préparation de la nourriture du bétail.

Le transport des fourrages au hache-paille s'effectue fort économiquement dans les granges, par des wagons roulant sur un rail supporté à la hauteur du plancher de la machine. Un hache-paille de forte dimension avec son cylindre cribleur, un concasseur à grains, une paire de meules ainsi que la machine à vapeur de la force de huit chevaux qui commande tout cet outillage, sont installés dans le bâtiment dont la cheminée à vapeur, montrée par le dessin, forme le milieu.

En face de ce bâtiment, se trouve une remise bien disposée pour tous les instruments de culture, classés par numéros d'attelages; à la suite de cette remise est bâtie la charretterie abritant quatorze chariots; la forge et la fonderie sont en face. Ces différents bâtiments, presque tous isolés des uns des autres, par mesure d'ordre et de sûreté, sont cependant reliés entre eux par des massifs de verdure, d'arbustes et de fleurs du plus gracieux effet.

Cet ensemble si complet, si bien disposé, si coquet, qui

est marqué d'un goût charmant, ne peut être imité partout ; il n'y aurait pas toujours profit ou avantage à le prendre pour exemple ; mais c'est un monument gracieux élevé à l'art agricole, sur lequel beaucoup de détails ingénieux peuvent être copiés.

Tous ces détails du reste seront mieux compris et complétés en suivant, en même temps que la planche I, la planche II, dont nous allons mettre la légende détaillée sous les yeux du lecteur :

A, bâtiment d'habitation ;

BB, voûte fermée par une porte cochère et amenant les voitures de l'entrée principale de l'habitation située sur le chemin de Roucourt ; — autre voûte placée sous la tour de la cour principale, laquelle tour contient un réservoir d'eau alimenté par des pompes mues par un manége, servant en même temps à manœuvrer des pompes à purin ;

CC, écuries pour les chevaux ; au-dessus de ces écuries sont des greniers où sont apportés les sacs contenant les fourrages hachés et l'avoine aplatie ;

DDDDDDD, étables pour les bêtes à cornes, au-dessus desquelles sont des greniers pour emmagasiner les pailles ;

E, sellerie ;

FF, magasin à pulpe ;

G, porcherie pour 2 porcs ;

H, poulailler ;

II, tabagie ou refuge dans lequel les domestiques peuvent fumer ; il est interdit de fumer partout ailleurs ;

J, magasin à charbon ;

K, étable et manége pour élever l'eau et pomper les purins ;

L, chambre à coucher pour les ouvriers ;

M, fournil ;

NN, latrines ;

O, fosse à fumier ;

P, grange pour le foin, sous l'auvent de laquelle sont abrités divers instruments d'extérieur de ferme (rouleaux, herses, semoirs, extirpateurs, pompe à incendie, etc.);

P', grange pour hivernage (seigle, vesce et fèves) coupés secs mais non battus;

P'', grande grange pour céréales et qui, en avril 1864, se trouvait transformée en vaste étable, où 130 vaches étaient engraissées au moyen d'un mélange de tourteaux, de paille et d'un peu de foin haché, le tout humecté avec de la drèche de distillerie et mis en fermentation pendant vingt-quatre heures;

Q, chemin de fer placé au premier étage des granges PP' pour le service du hache-paille;

RR, hangars pour remiser les chariots et tombereaux;

S, grange servant de bergerie après le battage des grains et renfermant en ce moment 700 moutons à l'engrais, lesquels, pendant l'affourragement, l'enlèvement du fumier et le renouvellement de la litière, sortent dans les galeries placées sous l'auvent et formées par des claies en fer;

TT, aires de granges pour le battage du lin et du seigle;

U, gare pour abriter à tour de rôle de grandes machines à battre, l'une de Garrett, l'autre de Barrett, Exall et Andrews, les chars qui amènent les gerbes et remmènent la paille, et les ouvriers nombreux occupés à l'opération du battage;

V, magasin aux menues pailles au-dessus duquel se trouve le grenier d'expédition des grains. Les voitures destinées à conduire les grains au marché se chargent à l'extrémité de ce bâtiment, abritées sous le hangar qui le termine. Dans ce grenier se trouve un tarare destiné à nettoyer une seconde fois le grain déjà nettoyé et ventilé par la machine à battre; ce grain est alors mis en sac pour être livré au commerce, ou bien il est déversé par un conduit dans le tarare du grenier conservateur et ensuite emmagasiné;

W, grenier conservateur du système Huart, avec tarare, chaînes à godets pour remonter les grains, les faire changer de compartiment ou les envoyer dans le grenier d'expédition; un escalier contenu dans une tourelle à l'angle de la tour permet de monter à la partie supérieure des cylindres dans lesquels le grain est conservé.

X, chambre contenant un générateur à vapeur et une machine à vapeur fixe de la force de 10 chevaux; celle-ci fait marcher d'un côté la machine à battre, le tarare et les chaînes à godets du grenier conservateur, une paire de meules, de l'autre côté, un concasseur de tourteaux, un hache-paille, une bluterie pour la paille hachée un aplatisseur d'avoine;

Y, chambre pour mettre en sacs soit le tourteau concassé, soit la paille et les fourrages hachés, lesquels sacs sont ensuite expédiés dans les greniers, dans les étables ou dans les magasins à pulpes où se font les mélanges propres à la nourriture des animaux de la ferme;

Z, hangar pour remiser la locomobile à vapeur de la force de 6 chevaux, servant particulièrement à pomper l'eau d'un puits artésien destiné à entretenir le niveau du vivier;

1, niche à chien;

2, pailler;

3, hangar pour les instruments de labour (charrues, herses, etc.);

4, charronnerie;

5, fonderie;

6, forge;

7, remise pour voiture de maître;

8, loges situées à l'entrée de l'habitation et servant pour concierge ou jardinier;

9, serre située dans le jardin potager;

10, bascule pour le pesage des chariots chargés de denrées ou pour celui du bétail;

11, bureau de l'agent de la ferme;

12, boucherie;

13, magasin aux tourteaux pour les moutons;

14, parc mobile pour les moutons;

15, vanne pour vider le vivier dans l'aqueduc 16 traversant toute la ferme sous la grange P' et le hangar R adossé à la serre 9;

16, aqueduc pour l'écoulement des eaux.

Dans le vivier on entretient des poissons. Des canards s'y promènent et se multiplient dans des huttes de paille établies sur le côté sud des bâtiments.

Tous les bâtiments sont construits en briques et couverts en pannes. La maison d'habitation est couverte en ardoises; son rez-de-chaussée s'ouvre sur une galerie couverte par un toit en verres dépolis supporté par des colonnettes en fonte.

Tel est l'ensemble de cette belle ferme. Les jardins et les bosquets d'arbres font une diversion gracieuse aux bâtiments utiles, dont la monotonie inspirerait un sentiment de froideur. Quoique le tout soit entouré de murs et de fossés pleins d'eau, la vie circule à travers les cours de cette grande fabrique de viande dans laquelle nous avons vu existant à le fois 235 vaches à l'engraissement, 15 vaches laitières ou jeunes élèves, 700 moutons, 37 chevaux, et une riche basse-cour, c'est-à-dire dans laquelle était notablement dépassé l'entretien d'une tête de gros bétail par hectare, chiffre regardé comme l'idéal à proposer aux meilleures fermes.

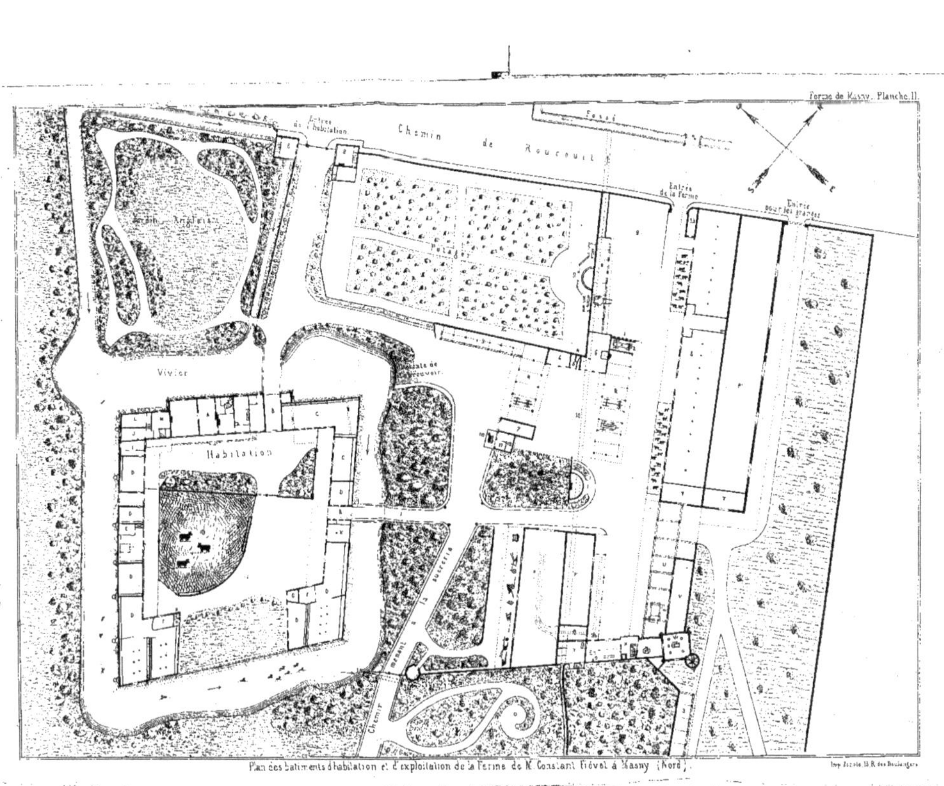

Plan des bâtiments d'habitation et d'exploitation de la Ferme de M. Constant Fiévet à Masny (Nord).

CHAPITRE VI

RÉPARTITION DES CULTURES

Le domaine exploité par M. Constant Fiévet se compose actuellement, en 1865, de 232 hectares; il ne comptait que 135 hectares en 1831.

Sur les 232 hectares, 50 seulement lui appartiennent; 107 sont la propriété de deux de ses frères, qui sont restés ses associés sans concourir à la direction de l'exploitation; enfin, 75 sont loués à deux propriétaires au taux moyen de 165 francs l'hectare.

Sur le plan (planche III) les terres exploitées par M. Fiévet sont teintes en ocre; par erreur la légende porte sur quelques exemplaires : *appartenant à*, au lieu de *exploitées par*.

Les fermages des terres, les loyers des bâtiments d'exploitation de la ferme et les frais de direction payés à M. Fiévet par ses frères associés avec lui, se montent ensemble à 37,000 fr. Les impôts s'élèvent à 4,000 fr. environ.

Les terres, qui sont presque toutes en plaines avec très-peu de différence de niveau, mais en s'abaissant un peu vers le nord-est, sont constituées par un limon d'une profondeur de 0m.30 à 0m.40 au moins, d'une nature argilo-sableuse, de consistance moyenne, reposant sur un sous-sol argileux, généralement imperméable.

M. Fiévet a adopté le principe de l'assolement libre, qui lui permet de tirer le parti le plus avantageux possible de l'état de fécondité très-avancée auquel son domaine est arrivé. Il ne recule jamais devant les travaux de labour ou de culture nécessaires, et il avance toujours tout le capital que les spéculations annuelles comportent. Néanmoins, il tient rigoureusement à l'alternance des cultures, et il évite la répétition des mêmes récoltes sur les mêmes terres à des intervalles trop rapprochés.

Naturellement poussé, par sa position de fabricant de sucre, à donner une grande extension à la culture de la betterave, M. Fiévet s'est étudié à la faire entrer dans ses ensemencements pour la plus forte proportion possible ; mais malgré l'abondance de ses fumures, malgré les soins appropriés donnés à toutes les façons du sol, il n'a pu maintenir ses rendements moyens à 50,000 kilogr. de betteraves de bonne qualité ordinaire, qu'en restreignant la culture de ces racines au tiers de l'étendue totale des terres arables.

L'étendue respective des soles a été successivement, à Masny, depuis 1853 jusqu'à 1864 :

SOLES	1853 Hectares.	1854 Hectares.	1855 Hectares.	1856 Hectares.
Blé	65.12	61.56	57.99	61.39
Lin	8.48	9.72	9.95	7.97
Betteraves	68.50	69.29	66.48	64.59
Avoine	10.06	9.95	11.81	9.69
A reporter	152.16	150.52	146.23	143.64

SOLES.	1853 Hectares.	1854 Hectares.	1855 Hectares.	1856 Hectares.
Report.	152.16	150.52	146.23	143.64
Seigle.	4.52	2.60	3.49	4.52
Prairies artificielles.	12.00	12.21	14.92	13.45
Prairies naturelles	3.00	6.33	3.39	3.39
Fèves.	5.65	6.67	6.56	5.08
Hivernages	3.50	2.26	4.07	4.86
Petites cultures et jardins.	5.00	5.00	5.00	5.00
Totaux.	185.83	185.59	183.66	179.92

SOLES.	1857 Hectares.	1858 Hectares.	1859 Hectares.	1860 Hectares.
Blé	59.09	66.36	67.49	66.32
Lin	10.06	9.72	11.33	11.76
Betteraves.	73.70	71.78	68.98	63.60
Avoine	9.72	12.63	10.51	15.60
Seigle.	3.62	3.28	4.52	1.58
Prairies artificielles.	12.77	12.38	10.70	14.70
Prairies naturelles	3.39	3.39	1.92	1.92
Fèves.	5.79	7.46	5.48	5.20
Hivernages	2.60	3.62	5.14	2.60
Petites cultures et jardins.	5.00	5.00	5.00	5.00
Totaux.	185.74	195.62	193.40	188.28

SOLES.	1861 Hectares.	1862 Hectares.	1863 Hectares.	1864 Hectares.
Blé	68.96	72.13	68.85	73.14
Lin	14.92	10.56	15.71	22.22
Betteraves.	60.48	65.17	68.85	72.12
Avoine	10.74	11.76	12.27	15.49
Seigle.	3.73	5.71	3.28	4.52
Prairies artificielles.	16.28	11.98	10.97	10.97
Prairies naturelles	1.02	3.50	3.50	4.88
Fèves.	4.52	3.62	3.62	6.39
Hivernages	5.65	3.39	1.58	4.75
Petites cultures et jardins.	5.00	5.00	5.00	5.00
Totaux.	191.10	192.82	193.43	219.48

Pour l'année 1865, la répartition des cultures est la suivante :

	Hectares.
Betteraves	75
Blé	78
Lin	23
Avoine	15
Prairies naturelles et artificielles	16
Hivernages (seigle, vesces et fèves)	14
Seigle	6
Petites cultures, jardins, bâtiments, chemins	5
Total	232

Les labours et tous les transports s'effectuent avec des chevaux. Toute la culture se fait à plat. On laboure généralement à la profondeur de $0^m.25$ à $0^m.35$. Cette dernière profondeur s'obtient au moyen de deux charrues brabants se suivant dans le même sillon. Le premier brabant détache une tranche de $0^m.12$; le deuxième complète le sillon en soulevant une épaisseur de terre de $0^m.13$ à $0^m.23$. Une charrue fouilleuse est aussi quelquefois employée pour remuer le sous-sol à la suite des deux brabants.

Sur les labours profonds on répand volontiers des écumes de défécation ou des tourteaux.

Les labours pour betteraves sont autant que possible faits avant l'hiver. Ceux qui sont ainsi exécutés sont préférables à ceux qu'il a fallu reculer jusqu'au printemps, et on n'a pas besoin de les relever par une légère façon de brabant, comme le font généralement les cultivateurs du voisinage.

Toutes les semailles s'effectuent au semoir; M. Fiévet, afin de favoriser la circulation de l'air et l'action du soleil, dirige, autant que possible, ses lignes du sud-ouest au nord-est; c'est une disposition dont on ne saurait trop conseiller l'imitation aux agriculteurs.

CHAPITRE VII

LA FABRIQUE DE SUCRE

La fabrique de sucre de Masny a été établie en 1836. De peu d'importance d'abord, car on pensait ne devoir y soumettre au travail d'extraction du sucre que les seules betteraves de l'exploitation, elle est devenue peu à peu une des plus considérables du département du Nord, et on y traite des racines achetées dans tout le pays.

On n'avait eu d'abord pour but que de remplacer la culture du colza par celle de la betterave. La sucrerie fut construite pour opérer sur 1,500,000 à 2 millions de kilogrammes. On ne songea pas à employer la machine à vapeur comme force motrice. On construisit seulement une sorte de grange et on établit un manége.

Une simple râpe en bois servait pour le râpage de la betterave. Un ouvrier poussait les racines dans les tiroirs de la râpe au moyen de deux sabots. On ne connaissait pas encore les lavoirs cylindriques pour les betteraves. Des femmes nettoyaient les racines avec des couteaux en bois, ou les lavaient dans des cuves au moyen de balais.

Les pompes hydrauliques commençaient à peine à être employées; on les faisait marcher à Masny à bras d'hommes. Le jus extrait était également pompé à bras d'hommes pour être élevé dans les chaudières à feu nu où s'opérait la défécation. L'évaporation se faisait aussi à feu nu. La filtration avait lieu sur des petits filtres ne contenant qu'un hectolitre de noir. La cuite des sirops se faisait dans une bassine chauffée par la vapeur produite par un générateur de la force de vingt chevaux; c'était déjà un progrès, car beaucoup de sucriers cuisaient encore dans des chaudières à bascule à feu nu.

Les deux premières années furent pénibles à traverser. Les ouvriers ignoraient toutes choses; on n'avait pas encore formé de surveillants. Jour et nuit il fallait être sur pied. Cette rude tâche fut remplie par les deux frères Édouard et Constant Fiévet, qui passaient les nuits à tour de rôle. La fabrication des deux premières années fut de 100,000 kilogrammes de sucre environ par campagne. Il faut avoir connu l'hiver de 1837 à 1838 pour se rendre compte des difficultés qu'on eut à vaincre. La gelée pénétra en terre à une grande profondeur. Toutes les betteraves furent atteintes. Pour continuer la fabrication, on dut recourir à des moyens extrêmes. Trente hommes aidés de la pioche suffisaient à peine pour sortir les betteraves des silos. Lorsqu'elles étaient amenées à l'usine, il fallait les dégeler avant de les livrer à la râpe. L'hiver dura trois mois.

De la troisième année partent les améliorations successives de l'extraction et du traitement des jus des betteraves. En 1840, on montait enfin une machine à vapeur et trois générateurs nouveaux; puis on introduisait les grands filtres pour une meilleure épuration des jus. Vinrent ensuite les monte-jus; puis, en 1848, les turbines; en 1850, les appareils à cuire dans le vide; en 1853, les appareils à triple effet. Il y eut une interruption en 1854, pour essayer de la distillation alors si en faveur à cause du haut prix des alcools. Les chaudières tubulaires pour la production de la vapeur furent montées en 1860; à la même date, on commença à se servir des appareils pour la cuite en grain.

Maintenant la sucrerie de Masny traite annuellement de 9 à 21 millions de kilogrammes de betteraves, et fabrique jusqu'à 10,000 sacs de sucre n° 19 du poids de 100 kilogrammes chacun.

Voici les quantités de betteraves qui ont été successivement traitées depuis la campagne de 1852 jusqu'à celle de 1864 :

1852.	9,916,817	kilogrammes.
1853.	9,162,239	—
1854 (distillerie).	14,887,506	—
1855.	11,104,681	—
1856.	8,446,841	—
1857.	20,514,550	—
1858.	14,545,430	—
1859.	19,456,294	—

1860.	12,451,625	kilogrammes.
1861.	13,775,446	—
1862.	20,719,338	—
1863.	10,479,648	—
1864.	11,125,492	—

Ces chiffres sont essentiels à noter, puisque la culture de Masny profite de tous les détritus que laisse la sucrerie.

Dans le coin supérieur de la planche III, on trouvera le plan de la fabrique, qui joue un rôle doublement important, puisqu'elle fournit à la fois, comme nous l'avons dit, à la ferme de la nourriture pour le bétail et aux terres des engrais; elle paie les betteraves à la ferme le même prix qu'à tous les cultivateurs du voisinage. Voici les prix payés de 1858 à 1864 :

	fr.	
1858.	20.50	les 1,000 kilogrammes.
1859.	18.00	—
1860.	21.00	—
1861.	19.00	—
1862.	21.00	—
1863.	20.00	—
1864.	22.00	—

La légende du plan est la suivante :

A, logement du concierge ;
B, écurie;
C, atelier de menuiserie ;
D, tabagie ou fumoir pour les ouvriers ;
E, passage des wagons à betteraves ;
F, magasin à pulpes;
G, bureau des employés de la régie ;
H, magasin et séchoirs à sacs ;
I, remise pour cabriolet ;
J, buanderie ;
K, hangar pour conserver les betteraves en cas de mauvais temps;

L, habitations du comptable et du contre-maître;
M, purgerie;
N, atelier de fabrication;
O, magasin à charbon et fourneau pour la production de l'acide carbonique;
P, forge et chaudronnerie;
Q, magasin et passage du chemin de fer;
R, chambre pour les chaudières tubulaires et pompes pour faire le vide;
S, magasin à os;
T, fours à noir;
U, magasin au noir;
V, chambre pour la fermentation du noir;
X, lavage et décortication du noir;
Y, gazomètre;
Z, fabrication du gaz d'éclairage.

Les eaux de l'usine sont employées en irrigations, comme nous l'avons dit, et plus loin nous entrerons dans quelques détails à cet égard. Ajoutons seulement ici qu'une grande partie des pulpes de la sucrerie sont emmagasinées dans des silos situés sur le bord du chemin pavé qui relie la ferme à la fabrique. Les tombereaux se chargent et se déchargent avec grande facilité sur l'espèce de quai à pulpe ainsi formé, comme on le voit dans le plan général (planche III). Les silos peuvent contenir 2,500,000 kilogrammes de pulpe.

La fabrique vend la pulpe à la ferme au prix moyen de 12 fr. 50 les 1,000 kilogrammes. La totalité des écumes de défécation est achetée par la ferme au prix d'environ 3,500 fr.

CHAPITRE VIII

AMÉLIORATIONS FONCIÈRES — CHAULAGES — DRAINAGES

Les principales améliorations foncières faites par M. Fiévet ont consisté en travaux de drainage et en chaulages énergiques, exécutés en raison de l'imperméabilité du sous-sol argileux et de la nature du sol arable où manquait le calcaire.

Le drainage a commencé à être appliqué en 1851 sur le domaine de Masny, alors qu'il était encore très-peu usité en France. L'état humide d'une partie des terres a engagé M Fiévet à faire très-rapidement une amélioration dont il a compris immédiatement l'importance. 80 hectares ont été drainés pour la somme totale de 11,197 fr. 40, ce qui fait 140 fr. environ par hectare, dépense peu élevée en présence des résultats obtenus. Une partie des terres ne pouvait auparavant recevoir les attelages qu'en mai ou en juin; ceux-ci s'y embourbaient toujours à la suite des pluies. Maintenant on a accès dans tous les champs en tout temps, et la végétation a acquis dans les pièces réputées jadis les plus mauvaises la même vigueur que dans les meilleures terres.

La planche III présente, marquées par des traits en rouge, les lignes de drains et montre l'importance de l'opération effectuée.

Les drains sont espacés de 10 mètres; ils sont placés à une profondeur moyenne de 1m.20. Les tuyaux ont coûté 18 et 20 fr. le mille, selon les dimensions. L'ouverture des tranchées et leur remplissage revenaient à 7 centimes de 1852 à 1854; maintenant ce travail se paye 9 centimes. Les terres sont faciles à ouvrir; on n'y rencontre aucune pierre.

Dès 1836, presque au commencement de sa carrière agricole, M. Fiévet a établi un four à chaux qui lui livrait par an environ 10,000 hectolitres de chaux entièrement employée sur les terres, soit directement, soit à l'état de composts. Il répandait de 300 à 500 hectolitres par hectare. Une fois que toutes les terres ont eu ce riche amendement, il a reconnu qu'il était inutile d'y recourir de nouveau; les terres étaient devenues d'une consistance suffisamment légère. D'ailleurs, l'emploi des écumes de défécation et des eaux de la fabrique pourvoit suffisamment à l'enlèvement de la chaux par les récoltes.

CHAPITRE IX

IRRIGATIONS

Nous arrivons à la partie la plus originale de la culture de M. Fiévet, à l'emploi des eaux de sa fabrique en irrigations. Il rapporte lui-même en ces termes comment lui vint l'idée de cette application :

« En 1854, je devins distillateur comme tant d'autres fabricants de sucre. On avait adressé déjà des plaintes à l'administration au sujet de l'altération des eaux de la vallée de la Scarpe par l'eau de lavage de mes betteraves ; qu'allait-on dire de mes vinasses ? Il fallait en perdre 1,500 hectolitres par jour. J'avais autour de la fabrique, en aval, des terres en billons, j'y risquai mes premières vinasses. La terre les but avec une extrême rapidité. Heureux de ce premier succès, j'organisai une distribution méthodique, et toutes les vinasses de la campagne servirent à l'amendement de mes terres. Cet amendement avait été exagéré. Je le fis suivre de labours très-profonds et j'obtins pendant plusieurs années des récoltes extraordinaires. Ce résultat me fut une inspiration. En 1855, je redevenais fabricant de sucre et je n'ai pas cessé de l'être, mais les eaux de ma fabrique ne vont plus à la vallée de la Scarpe. »

M. Pluchet apprécie de la manière suivante les résultats de l'opération continuée depuis lors, chaque année, par M. Fiévet :

« Vingt mille hectolitres d'eau employés chaque jour à tous les services de la fabrique, sont dirigés sur les terres en aval de l'usine. Ces eaux, chargées de détritus de toute espèce, ayant servi au lavage des betteraves, à celui du noir animal, au lavage des sacs à pulpe et à écume, etc., etc., s'échappent en traversant les latrines des ouvriers, et sont transportées par des rigoles, tantôt à niveau, tantôt soutenues et formées sur une petite digue en terre, jusque sur les champs en culture; elles sont distribuées avec une parfaite régularité par des billons relevés de 50 en 50 centimètres, suivant le sens de la pente du terrain, et arrosent ainsi de deux en deux années 40 hectares de terres, qui depuis huit ans n'ont pas reçu d'autre fumure. La valeur de cet engrais est estimée par M. Fiévet à la somme annuelle de 8,000 fr.; il s'applique à tous les genres de récolte, car maintenant M. Fiévet l'emploie sur des blés en terre. Ces eaux, jadis perdues, qui s'écoulaient dans les fossés, y dégageaient des miasmes, s'infiltraient dans les terres, gagnaient et gâtaient les cours d'eau voisins, engendraient une cause permanente d'embarras, d'insalubrité et de procès, sont devenues le plus puissant, le plus économique agent de la fécondité du sol. »

Dans la planche III, les rigoles d'irrigation sont marquées par des lignes bleues; on aperçoit d'un coup d'œil l'importance de ce système.

Toutes les terres qui avoisinent la sucrerie sont irriguées naturellement par les eaux qui sortent de cette usine.

Quant aux terres situées de l'autre côté de la chaussée de Douai à Bouchain et du chemin de Monchecourt à Masny, elles sont irriguées par des eaux claires élevées par des pompes jusque dans un réservoir placé dans l'usine à une hauteur de 8 mètres; de telle sorte, que par leur chute elles peuvent atteindre toutes les parties du domaine.

M. Fiévet a été tellement satisfait des résultats obtenus en 1863 par ses irrigations sur une partie de ses cultures de lin, qu'il a résolu de les étendre encore. La grande pièce figurée au bas de la planche, sur la commune d'Écaillon, semée par moitié en lin, a reçu entièrement un arrosage par rigoles de niveau en 1865. Plusieurs forages ont été exécutés en vue d'obtenir des puits sur le bord desquels on transporte une machine à vapeur locomobile et une pompe rotative à force centrifuge dont l'usage se répand beaucoup dans le Nord.

Pour ouvrir ses rigoles, M. Fiévet se sert d'un simple binot, dont il surveille lui-même la direction. Il le fait marcher dans le sens des pentes pour l'irrigation par billons; il creuse ainsi les petites rigoles, et il a soin d'établir des rigoles principales sur les faites. Pour l'irrigation par rigoles de niveau, il fait suivre au binot les lignes d'égal niveau, ce qui lui donne les rigoles de déversement; il place alors les rigoles principales suivant les lignes de plus grande pente.

Pour faire tous ces travaux, pour les entretenir, pour placer et déplacer les barrages, consistant en petites vannes mobiles, il emploie un irrigateur qui est payé à raison de 2 fr. 25 par jour.

Nous avons relevé les détails de la dépense faite en 1865, pendant l'été, époque à laquelle la fabrique ne marche pas, pour l'irrigation de 24 hectares avec des eaux provenant d'un forage ; nous avons trouvé un total de 744 fr. 60 c. qui se décompose de la manière suivante :

	fr.
Main d'œuvre.	195.45
Charbon pour la machine.	513.50
Huile, id.	35.55
Total	744.50
Prix moyen par hectare irrigué.	30.02

Le lecteur a sous les yeux le tableau complet de la ferme de Masny. Il connaît les moyens d'action dont M. Fiévet dispose, savoir : un sol amélioré par le drainage et par un chaulage extrêmement énergique (de 300 à 500 hectolitres par hectare); des irrigations en hiver avec des eaux chargées de matières fertilisantes provenant d'une sucrerie importante, et en été avec des eaux provenant de divers forages ; une masse considérable d'engrais fournie par un très-nombreux bétail et augmentée en outre des résidus de la sucrerie et d'une grande quantité d'engrais commerciaux ; des labours profonds suivis de défoncements avec des charrues fouilleuses.

Nous allons maintenant passer en revue successivement les principales cultures et donner les résultats qu'elles produisent. Nous verrons ensuite les comptes de l'engraissement du bétail.

Nous devons répéter que nous avons nous-même vérifié dans les livres, d'une comptabilité ancienne et très-remarquablement tenue, tous les chiffres que nous citons et sur lesquels nous basons tous nos calculs ainsi que les importantes et instructives déductions qui en découlent. On ne doit pas oublier qu'il s'agit d'une culture extrêmement intensive. Nous sommes dans le département du Nord. Nous avons dit que sa culture est la plus avancée de toutes les cultures européennes. Nous croyons que ceux qui auront lu les pages suivantes avec attention regarderont notre assertion comme démontrée.

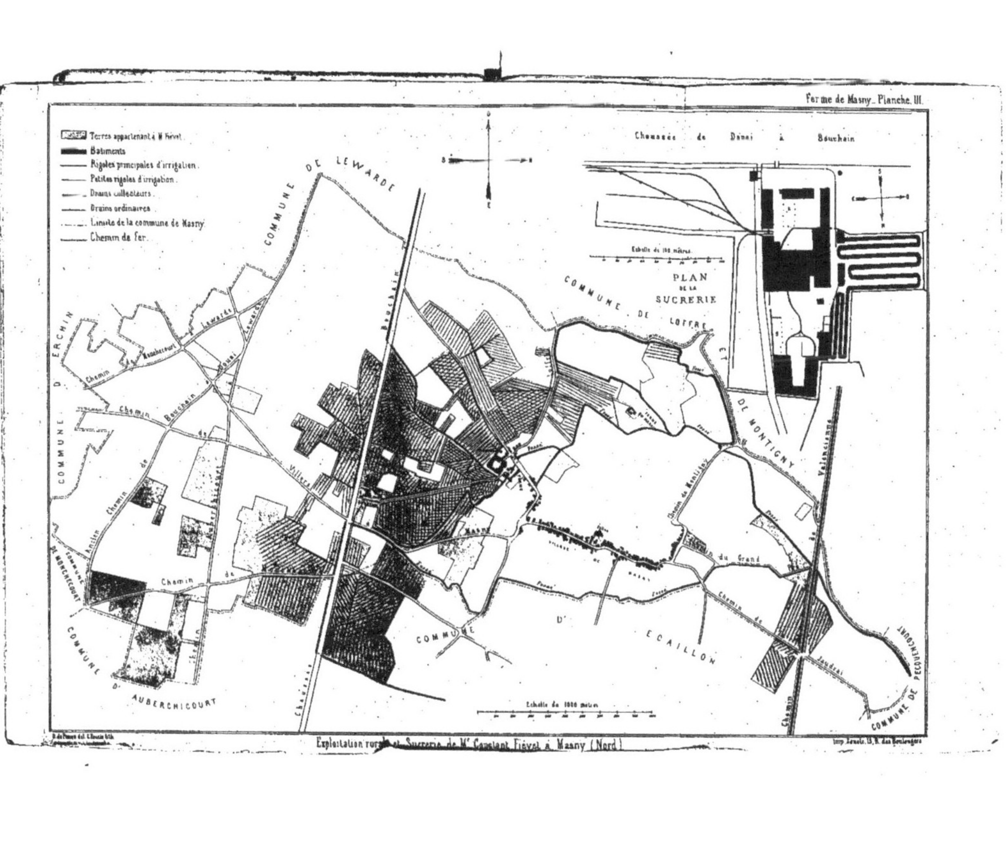

Exploitation rurale et Sucrerie de Mr Constant Fiévet à Masny (Nord)

CHAPITRE X

CULTURE DU BLÉ.

M. Fiévet regarde la culture du blé comme la plus lucrative de toutes celles qu'il fait sur la ferme de Masny. Cette opinion paraîtra au premier abord étrange à beaucoup d'agriculteurs qui ne cessent de proclamer que l'on ne peut plus cultiver le blé sans perte. Aussi nous devons donner aux explications de M. Fiévet tout le développement nécessaire pour qu'on comprenne bien son système. Si le blé produit autant à Masny, c'est qu'il est associé à des récoltes qui permettent de faire beaucoup d'engrais; c'est qu'une sucrerie de betteraves donne une grande quantité de pulpe qui permet d'entretenir un nombreux bétail.

Voici d'abord la méthode de culture adoptée par M. Fiévet; nous le laissons parler lui-même :

« *Semailles.* — Je prends pour semence du blé de deux ans et je l'avais conservé en meule jusqu'ici. J'attribue à cette pratique l'absence persistante de la carie dans mes cultures, j'ai même répandu plusieurs fois cette semence sans lui faire subir de préparation. J'ai cependant l'habitude de faire le chaulage au moyen d'une préparation composée d'urine bouillie, de sulfate de cuivre et de chaux. La semence est enchaulée la veille de son emploi. — La quantité de la semence pour blé est d'un hectolitre à l'hectare, et je pense devoir plutôt diminuer qu'augmenter cette quantité, car mes blés tallent beaucoup.

« L'époque la plus favorable pour les semailles est du 12 octobre au 10 novembre. Un retard dans la récolte des betteraves me fait quelquefois dépasser malheureusement cette dernière limite.

« *Travaux de culture pendant la croissance*. — Au printemps, binage avec la rasette à la main, tenue le plus souvent par des femmes. Le travail dans mes lignes est rapide et peu coûteux. A la suite, une façon de la herse à mille dents pour achever de détruire les herbes parasites. Le rouleau peut venir après si le temps le commande.

« Il ne m'en faut pas plus pour avoir des blés très-propres et des récoltes très-abondantes.

« *Moisson*. — Mes blés sont coupés avec la sape flamande. La moissonneuse qui est entrée dans mon mobilier agricole ne ferait pas encore un travail aussi satisfaisant que la sape. Je ne la fais marcher que rarement. Elle est là comme une espèce d'avertissement pour les ouvriers qui comprennent ainsi qu'on peut à la rigueur se passer d'eux, et c'est chose nécessaire aujourd'hui.

« Au début de la moisson, les blés coupés un peu verts sont ramassés en *hutelottes*. Plus tard, ils sont liés aussitôt qu'ils ont été coupés, puis relevés et ramassés en monts de 15 gerbes. Un chaperon en paille, aujourd'hui très-répandu dans le Nord, vient couvrir les épis et une partie des tiges. La dessiccation se fait d'une manière assez lente pour que le grain continue à se nourrir au moyen de la sève restant dans les tiges et pour qu'il prenne ainsi la plus belle apparence; leur préservation est en outre ainsi assurée jusqu'à la rentrée dans la grange.

« *Rentrée en grange*. — Il est parfaitement établi dans notre contrée que le grain de blé perd de sa qualité dans les meules, qu'il y est altéré par l'humidité et que sa dépréciation sur le marché peut s'élever, pour chaque hectolitre, à 1 fr. 50.

« En me mettant en mesure de supprimer les meules, j'ai obtenu annuellement, sur les 2,000 hectolitres qu'elles contenaient d'ordinaire, une plus-value de 3,000 fr.

« Je trouve un autre bénéfice dans la suppression de la main-d'œuvre occasionnée par les meules, dans la suppression des pertes (grains et paille) inhérentes à cette manière de remiser la récolte. Je ne crois pas pouvoir être taxé d'exagération en évaluant ce bénéfice à 1,500 fr.

« Voilà donc au total une économie de 4,500 fr. Je ne tarderai pas à rentrer dans les fonds employés pour la construction de ma grange.

« Mes gerbes sont toujours parfaitement sèches en entrant dans cette grange et l'humidité ne les atteint jamais.

« L'égrenage se fait avec une machine Garrett et une machine Barrett, Exall et Andrews, qui ménage davantage les pailles que la précédente. Elles battent chacune 6,000 gerbes en dix heures.

« La machine à battre est mise en mouvement par une machine à vapeur fixe de la force de dix chevaux; mais cette force est loin d'être absorbée par le battage seul; la machine fait marcher en même temps le mécanisme du grenier, une paire de meules, le hache-paille, etc.

« Les voitures se rangent sous les auvents pour reprendre les gerbes comme elles s'y étaient rangées pour les déposer. Elles les apportent au battage en passant des auvents sous la gare couverte qui leur est contiguë.

« Cette gare abrite à la fois la voiture qui apporte les gerbes, la voiture qui reçoit les bottes de paille, et tous les ouvriers qui la desservent. Tous les mouvements s'y font avec aisance. La paille est portée par les voitures ou dans les granges vides ou dans les greniers qui sont au-dessus des écuries.

« *Conservation*. — Le nettoyage des grains est fait par la batteuse. J'ai fait monter un grenier conservateur (système Huart) pour 3,000 hectolitres de grains.

« Ce grenier m'était devenu nécessaire. Une machine à battre me donne beaucoup de grains en peu de temps. C'est un énorme avantage dont je ne pouvais pas me priver. J'y gagne de la main-d'œuvre, j'y gagne une économie de force, j'y gagne surtout de la surveillance et c'est un énorme gain. On ne peut pas le contester, lorsqu'on se rappelle le poids de la surveillance continuelle qu'il fallait exercer jadis pendant toute l'année sur les batteurs au fléau. J'ai eu, dans le pays, une des premières machines à battre qui y ait été établie (1840), mais je n'ai pas hésité à la sacrifier lorsque j'en ai rencontré une autre qui pouvait réduire autant que possible la durée du battage.

« La dépense d'un grenier conservateur est faite pour longtemps, tandis que l'excès de dépense auquel on s'engage en prolongeant le battage est répété chaque année.

« En l'absence de mon grenier j'étais souvent obligé de vendre tout de suite pour éviter les encombrements, et les acheteurs m'exploitaient. »

Nous avons relevé sur les livres, pour la période des onze années écoulés de 1853 à 1863, les résultats de la culture du blé à Masny, et nous avons trouvé les nombres suivants :

Années de la récolte.	Nombre d'hectares en blé.	Récolte totale Hectolitres.	Hectolitres par hectare.
1853	65.12	1,486.27	22.82
1854	61.56	2,250.46	36.55
1855	57.99	1,201.88	20.72
1856	61,39	2,388.78	38.91
1857	59,09	2,426.32	41.09
1858	66.36	1,613.38	24.31
1859	67.49	2,299.88	34.07
1860	66.32	2,651.34	39.97
1861	68.96	1,596.55	23.15
1862	72.13	2,395.67	33.21
1863	68.85	2,619,94	38.05
Totaux	715.26	22,932.42	»
Rendement moyen général par hectare.			32.06

Le rendement moyen des six premières années a été de 30 hectol. 57, et celui des cinq dernières de 33 hectol. 61. L'accroissement de la fertilité paraît ainsi positif, et nous constaterons d'ailleurs le même fait pour les autres cultures. Certaines pièces de terre ont parfois donné jusqu'à 59 hectolitres à l'hectare; c'est le maximum qui ait été constaté; on n'a jamais eu moins de 18 hectolitres sur aucune pièce de la ferme.

Les années 1853, 1855, 1858 et 1861 ont été les plus mauvaises; l'année 1855 ne présente qu'un rendement moitié de celui de l'année 1857, qui a été la meilleure. En 1853, des pluies et des vents d'ouest ont contrarié la floraison. En 1855, les gelées d'un hiver rude, l'absence de neige, puis de grande pluies pendant la floraison, ont été cause de la mauvaise récolte. L'année 1858 a présenté une sécheresse exceptionnelle qui a été nuisible aux terres riches; alors M. Fiévet n'irriguait pas encore ses blés; l'épi a été arrêté dans sa croissance immédiatement après sa sortie. Au contraire, dans l'année 1861, qui, elle aussi, a été médiocre, les pluies, pendant le mois de juin, ont de beaucoup dépassé la moyenne habituelle.

La quantité de paille n'est pas relevée, dans la comptabilité de Masny, année par année, parce que la paille n'étant pas toujours consommée entièrement au moment de la clôture de l'inventaire (1er août), le compte de l'année suivante est chargé de l'excédant. Mais la quantité totale de paille récoltée a été, de 1858 à 1862, pendant cinq ans, de 1,496,659 kilogrammes, ce qui donne, par an et par hectare un produit moyen de 4,387 kilogr., ou

44 quintaux environ. En 1863, la paille de blé produite a été de 328,824 kilogr., ou de 4,776 kilogr. par hectare.

Les résultats de la comptabilité du compte blé, sont suivants :

Années.	Recettes totales.	Frais.	Bénéfices apparents.
	fr.	fr.	fr.
1853	60,294.30	32,652.10	27.642.20
1854	70,820.92	35,449.63	35,371.29
1855	59,596.33	36,251.80	23,344.53
1856	75,360.75	38,835.73	36,525.02
1857	69,198.10	31,485.00	37,713.10
1858	42,739.08	41,000.70	1,738.33
1859	62,295.65	37,658.75	24,637.90
1860	73,839.39	34,536.35	39,303.04
1861	49,430.41	38,506.88	10,923.53
1862	65,097.72	38,740.43	26,357.29
1863	65,546 25	32,780.13	32,766.12
Totaux	694,219.90	397,897.51	296,322.39
Moyennes annuelles	63,110.90	36,172.10	26,938.80

Les prix du grain, dans la comptabilité de Masny, sont ceux auxquels il a été vendu sur le marché. Les pailles sont comptées à raison de 36 francs les 1,000 kilogrammes.

Si nous calculons pour chaque année, d'après la comptabilité de Masny telle qu'elle est établie, les recettes, les dépenses et les bénéfices par hectare, nous obtenons les résultats suivants :

Années.	Recettes par hectare.	Frais par hectare	Bénéfices apparents par hectare.
	fr.	fr.	fr.
1853	925.76	501.45	424.31
1854	1,150.43	575.85	574.58
1855	1,027.70	625.34	402.36
1856	1,227.57	632.57	595.00
1857	1,171.06	532.83	638.23
1858	644.05	617.86	26.19
1859	923.05	557.98	365.07
1860	1,113.37	520.75	592.62
1861	716.94	558.39	158.55
1862	902.50	537.10	365.40
1863	952.01	476.10	475.91
Moyennes des 11 années par hectare	977.67	557.82	419.85

Ainsi, sans discuter la manière dont la comptabilité est établie et en prenant les chiffres tels qu'ils sont fournis par les livres, on conclurait des éléments ci-dessus que, pour une dépense annuelle d'environ 560 fr. par hectare, la culture du blé donnerait, sur la ferme de Masny, un bénéfice d'environ 420 fr., ou 57 pour 100 des recettes. Mais il faut ajouter aux dépenses ci-dessus indiquées une somme totale de 112,797 fr. 51, pour la partie des frais d'améliorations foncières, de direction et d'intérêt du capital d'exploitation qui incombe à la sole des blés. Nous donnerons le détail de ces frais supplémentaires dans le chapitre de cet ouvrage consacré au compte des profits et pertes ; c'est à tort, selon nous, qu'ils ne sont pas, à Masny et dans presque toutes les comptabilités agricoles, répartis à la fin de chaque exercice immédiatement sur les diverses cultures. Les dépenses totales de la culture du blé s'élèvent en conséquence à 510,737 fr. 36, et les bénéfices se réduisent à 183,482 fr. 54. Avec cette rectification que nous justifierons, nous obtenons, pour les moyennes annuelles totales et pour les moyennes par hectare, les chiffres suivants :

	Pour tout le blé par an. fr.	Par hectare de blé. fr.
Recettes.	63,110.90	970.58
Frais.	46,500.67	714.06
Bénéfices	16,610.23	256.52

Le bénéfice moyen annuel par hectare n'est plus ainsi pour l'ensemble de la période que nous étudions que de 26 pour 100 environ des recettes, mais ce chiffre est encore très-beau.

Il faut faire attention que le prix du blé est très-variable et se combine avec le rendement pour faire le produit définitif. Or, tandis que les frais ne varient jamais plus que d'un septième, en plus ou en moins, par rapport à la moyenne, le rendement peut varier du simple au double.

Le bénéfice peut devenir très-faible, et même négatif, c'est-à-dire se changer en perte, comme le prouvent les résultats de la récolte de 1861, et surtout ceux de la récolte de 1858. En effet, comptons chaque année les frais généraux supplémentaires qu'il faut imputer au blé, et nous obtenons le tableau suivant, hautement instructif :

Années.	Frais supplémentaires. fr.	Frais réels. Totaux. fr.	Bénéfices. fr.	Pertes. fr.
1853	11,790.21	44,442.31	15,851.99	»
1854	8,543.49	43,993.12	26,927.80	»
1855	8,060.62	44,313.42	15,283.91	»
1856	9,079.90	47,915.63	27,445.12	»
1857	8,299.12	39,784.12	29,413.98	»
1858	6,482.37	47,483.07	»	4,743.99
1859	9,339.11	46,997.86	15,297.79	»
1860	10,418.90	44,955.25	28,884.14	»
1861	14,045.30	52,552.18	»	3,121.77
1862	12,705.79	51,446.22	13,631.50	»
1863	15,075.04	46,855.17	18,691.08	»
Frais totaux en 11 ans.		510,737.36		
Bénéfices totaux en 11 ans			112,797.51	

Ainsi la culture du blé, même à Masny, peut donner lieu à des pertes, et nous insistons sur ce point afin de montrer que les comptabilités dans lesquelles il y a un compte ouvert aux pertes et profits peuvent produire de fâcheuses illusions en dissimulant momentanément des frais. A la fin de l'exercice, on trouve bien exactement à Masny la vérité pour l'ensemble, mais on peut ignorer quelle part revient à chaque culture et croire qu'une récolte a produit pécuniairement beaucoup plus qu'elle n'a fourni en réalité. Aussi nous pensons qu'il faudrait chaque fois faire la répartition des dépenses qui sont mises en évidence par les comptes en perte. Nous reviendrons sur ce sujet important.

Les deux récoltes de 1858 et 1861, qui ont donné lieu à des pertes sur le compte blé, ont été affaiblies par deux causes météorologiques contraires : une longue sécheresse pour 1858, et pour 1861 des pluies excessives, arrivées au moment de l'époque la plus critique de la végétation, c'est-à-dire pendant la floraison. Mais ce qui influe le plus sur les résultats définitifs, au point de vue des bénéfices nets, c'est le moment de la vente. Si le cultivateur vend au moment des plus hauts prix, il obtient des résultats satisfaisants qui s'évanouissent, pour ainsi dire, dans le cas où il a choisi, pour envoyer au marché, le moment des prix les plus bas. En 1861, par exemple, les blés se vendaient, peu après la récolte, 29 fr. l'hectolitre, et ils sont tombés à 19 fr. au mois de juillet suivant. Une variation de 10 fr. dans le prix de vente a fait tout d'un coup, pour la ferme de Masny, et pour 1861, une différence de 130 fr. par hectare. En agriculture, il ne suffit pas de bien cultiver, il faut encore savoir bien vendre et bien acheter.

Afin que le cultivateur puisse se rendre compte des éléments dont se compose l'ensemble des frais exigés pour la culture du blé, dans la ferme de Masny, nous mettons sous ses yeux, pour les deux dernières années de notre étude, le détail entier de toutes les opérations. Nous ne relevons d'abord que les chiffres donnés par les livres de la comptabilité de la ferme pour le compte blé; nous y ajoutons ensuite la partie des frais généraux qui n'avait pas été supputés et que nous justifierons vers la fin de notre étude. Au reste, nous devons dire ici que les chapitres de chaque culture spéciale sont traités, à Masny, comme dans les meilleures comptabilités. La correction que nous faisons, résout une des questions les plus difficiles de tous les systèmes de comptabilité agricole.

Ces explications données, nous dépouillons les livres de comptabilité et nous trouvons, pour 1862 :

	Frais totaux.	Frais par hectare.
	fr.	fr.
Labours : 751 journées 1/2 de chevaux, à raison de 5 fr. par collier	3,757.50	52.09
Semence : 97 hectolit 59 de blé à 33 fr. 04. .	3,224.80	44.70
Ingrédients pour sulfatage des semences. . .	9.00	0.52
Engrais laissés par les cultures précédentes. .	2,262.00	31.36
Tourteaux de colza, 40,375 kil. à 16 fr. 55. . .	6,676.85	92.57
Binages et sarclages.	1,116.95	15.50
Frais de moisson. 255 journées 1/2 de chevaux.	1,277.50	17.71
Ouvriers	2,288.45	31.73
Paille de seigle pour liens	800.00	11.09
Battage. 257 journées 1/2 de chevaux pour transports	1,287.50	17.85
Ouvriers	1,478.10	20.50
Charbon pour la machine à vapeur . . .	312.00	4.32
Frais généraux (fermage, impôts, réparations, etc.)	14,249.78	197.56
Totaux	38,740.43	537.10
À retrancher pour 44 quintaux de paille		158.40
Frais pour 33 hectol. 21 de blé		378.70
Prix de revient apparent d'un hectolitre de blé . .		11.42

Mais il faut ajouter 12,705 fr. 70 pour frais de direction, de rente du capital d'exploitation, etc., ce qui donne 51,446 fr. 22 de frais totaux, soit, 713 fr. 24 par hectare; en retranchant la valeur de la paille, il reste 544 fr. 84, ce qui donne 16 fr. 72 pour le prix de revient réel de l'hectolitre de blé en 1862.

Pour l'année 1863, les comptes du blé s'établissent ainsi d'après les livres de Masny :

	Frais totaux. fr.	Frais par hectare. fr.
Labours : 807 journées de chevaux, à raison de 5 fr. par collier	4,035.00	58.60
Semence : 98 hectol. 50 de blé à 26 fr. 73	2,633.18	38.24
Ingrédients pour sulfatage des semences	9.00	0.12
Engrais laissés par les cultures précédentes	4,113.20	59.74
Binages et sarclages	627.60	9.11
Frais de moisson. 220 journées de chevaux	1,100.00	15.97
Ouvriers	2,200.75	31.96
Paille de seigle pour liens	490.00	7.11
Battage. 167 journées 1/2 de chevaux pour transports	837.50	12.15
Ouvriers	1,010.55	14.67
Charbon pour la machine à vapeur	257.00	3.73
Frais généraux (fermage, impôts, réparations, etc.)	15,466.35	224.60
Totaux	32,780.13	476.10
A retrancher pour 4,776 kil. de paille		171.93
Frais pour 38 hectol. 05 de blé		304.17
Prix de revient d'un hectolitre		7.99

En ajoutant 14,075 fr. 04 pour frais de direction, de rente du capital d'exploitation, on a 46,855 fr. 17 de frais totaux, soit 681 fr. 98 par hectare; en retranchant la valeur de la paille, on trouve 510 fr. 05, ce qui donne 13 fr. 40 pour le prix de revient de l'hectolitre de blé de Masny en 1863.

M. Fiévet explique, de la manière suivante, de si beaux

résultats, qui devront vivement frapper, non-seulement les agriculteurs, mais encore les économistes et les hommes d'État :

« Les causes de mon succès sont :

« Le chaulage très-énergique que je fis d'abord avec la chaux pure lorsque j'étais pressé d'aboutir, et que je continue avec les écumes de défécation ;

« Les labours profonds à 0m.35, que je fais de temps à autre pour les mêmes terres, en les recouvrant par des écumes de défécation (ce labour est fait pour les betteraves qui précèdent le blé) ;

« Le drainage, qui a élevé la taille de mes blés, comme j'ai pu le constater par comparaison avec les plantes d'une portion de terre non encore drainée ;

« Le choix et l'emploi de mes engrais, fumiers et tourteaux (les fumiers n'étant employés que pour betteraves précédant le blé) ;

« Les irrigations avec les eaux de la fabrique de sucre ;

« La culture en lignes avec orientation ;

« Les binages, hersages et roulages au printemps ;

« L'emploi pour semence d'une graine de deux ans (elle ne m'a jamais donné de carie, même lorsqu'elle n'a pas été chaulée, quoiqu'il y eût souvent de la carie sur les blés du voisinage) ;

« Le choix et quelquefois le mélange des variétés de froment. Je cultivais d'abord le blé blanc de Flandre. L'état de fumure de mes terres commençait à produire la verse, lorsque les premiers blés anglais sont arrivés en France. Je les ai mélangés avec mon blé de Flandre, et j'ai été satisfait de ma nouvelle pratique. Les variétés de blé anglais ont été depuis lors en se multipliant. J'en ai adopté plusieurs, qui m'ont donné de grands produits, comme : le blé d'Essex, qui peut remplacer, pour le grain, le blé flamand ; — le blé Hykling, ou blé doré, qui convient bien aux terres grasses des bonnes exploitations ; — le blé Maigh Wheat prolific ; — le blé Prince Albert ; — le blé Velouté ; — le blé blanc à épi carré ; — le blé bleu de Noé ; — et d'autres variétés dont j'ignore les noms.

« Il est bien entendu que ces diverses variétés ont leur terrain préféré. C'est au cultivateur à deviner les aptitudes. »

Le jury de la Prime d'honneur a accepté ces explications comme parfaitement fondées : car le rapport de M. Pluchet s'exprime ainsi à cet égard :

« Les rendements constatés à Masny font de la récolte du blé la plus avantageuse de toutes ; car grâce à la culture de la betterave, à laquelle on applique tous les frais de la préparation du sol, et qui profitent si bien à celle du blé, celle-ci n'ayant plus qu'une simple façon à recevoir et une somme d'engrais déjà fort amortie à supporter, livre ses produits à un prix de revient d'autant plus réduit. Ce qu'il y a encore de remarquable dans les heureux effets de la culture de la betterave sur la récolte de blé, c'est qu'en augmentant le rendement de cette dernière en hectolitres, par chaque hectare, elle permet d'augmenter encore notablement la quantité d'hectares cultivés en blé. Cet accroissement simultané sur l'étendue et sur le produit brut de la culture du blé, qui appartient tout entier à l'influence de la culture de la betterave, établit, en faveur de celle-ci, dans les exploitations bien dirigées, comme celle de Masny, une différence qui n'est pas moindre de quatre dixièmes si l'on compare les produits actuels avec ceux que l'on obtenait dans l'ancien système de culture avec jachère. La comparaison présente encore des différences bien plus grandes entre les deux systèmes, si on l'applique à la production de la viande, dont le chiffre a triplé, et si l'on considère que la somme de travail fournie par chaque hectare en main-d'œuvre est cinq fois supérieure à ce qu'elle était, à ce qu'elle est encore, en l'absence de la culture de la betterave. Cette culture, du reste, n'est devenue avantageuse, et ne peut continuer de l'être, qu'avec la prospérité de la fabrication du sucre et de l'alcool ; le sort de la prospérité agricole est donc intimement uni au sort de ces deux industries. »

Le lecteur a sous yeux les arguments à l'aide desquels les excellents résultats de la culture du blé de M. Fiévet sont justifiés ; mais nous devrons revenir plus tard sur leur appréciation et sur la comparaison qu'on peut en faire avec ceux obtenus ailleurs. Nulle question n'est plus intéressante, puisqu'elle concerne et la subsistance principale des populations et l'une des productions les plus importantes de notre agriculture. La culture des plantes industrielles, et notamment de la betterave sucrière, donne le moyen d'accroître, dans de fortes proportions, le rendement du froment et abaisse, aussi dans de très-fortes proportions, le prix de revient de l'hectolitre de blé. Si donc l'on veut diminuer le prix moyen du blé et aussi celui de la viande, c'est-à-dire des subsistances principales des populations, il faut encourager la culture des plantes qui permettent une culture très-intensive. Toutes les mesures fiscales qui tendent à créer des obstacles à l'extension des sucreries ou des distilleries portent un coup funeste à l'agriculture et à la prospérité générale, et vont à l'encontre de la volonté du gouvernement d'assurer, dans les limites du possible, le bon marché de la vie.

D'abondantes fumures sont la condition des forts rendements. Ces fumures ne sont pas, le plus souvent, appliquées directement à la culture du froment, mais elle doit en supporter une partie.

Pour établir ses comptes de culture, M. Fiévet, qui n'emblave le blé qu'après les betteraves, les fèves et les avoines, suppose que les betteraves laissent le tiers, et les fèves et les avoines la moitié des engrais dont on a chargé le sol avant de le cultiver. On peut discuter sur ces chiffres, les trouver trop faibles, et arriver à élever légèrement le prix de revient du blé ; mais nous ajournons toute discussion sur ce sujet jusqu'à la fin de cette étude, parce qu'il faut, pour une discussion utile, avoir vu tous les détails de l'exploitation.

Notons que, depuis 1859, M. Fiévet donne à ses blés des irrigations avec des eaux de sa fabrique de sucre, qui ne lui coûtent rien et sont cependant très-fécondantes. D'un autre côté, il portait autrefois le fumier à 5 fr. les 1,000 kilogrammes, pris dans la ferme ; il l'estime 6 francs depuis le 1er janvier 1862, les frais de transport et d'épandage étant comptés à part. Le prix de revient du blé s'en trouve légèrement accru, mais l'avantage de la combinaison de la culture du froment avec celle de plantes telles que la betterave et le lin n'en reste pas moins établi.

CHAPITRE XI

CULTURE DU LIN

La culture du lin prend chez M. Fiévet une importance croissante. Elle occupe maintenant la place de la betterave sur 15 hectares environ. M. Fiévet la fait succéder de préférence à une avoine semée sur fumier; il trouve qu'il obtient ainsi un lin dont la filasse a plus de qualité; néanmoins il met aussi quelquefois du lin après du blé; la sole d'avoine étant trop faible par rapport à l'importance donnée à la plante textile.

Après la culture de déchaumage opérée avec l'extirpateur ou le binot flamand, M. Fiévet fait un énergique labour en décembre, exécute plusieurs sarclages au printemps, sème à la volée dans la première quinzaine de mars autant que possible, et recouvre avec la herse dite à mille dents, afin de n'enterrer que très-peu la graine.

nsème en général 230 litres de graine à l'hectare. On fait passer le rouleau lorsque la surface du champ est suffisamment ressuyée. On sarcle au mois d'avril, quand le lin a atteint une hauteur de 0m.02 à 0m.03 Au mois de mai, lorsqu'il y a sécheresse, on irrigue avec des eaux extraites d'un forage. La floraison a lieu à Masny vers le milieu de juin. On arrache le lin vers le 15 juillet, on le met en chaînes ou en longues files de poignées formant deux toits dont le faîte est constitué par les capsules. On rentre quand la plante est bien sèche, et on égrène immédiatement.

Les résultats obtenus, de 1853 à 1863, d'après la comptabilité que nous ne discutons pas en ce moment, sont les suivants :

Années.	Superficie.	Bénéfices.	Pertes.
	Hectares.	Francs.	Francs.
1853	8.48	2,110.95	»
1854	9.72	»	821.758
1855	9.95	5,439.27	»
1856	7.97	4,220.71	»
1857	10.06	4,505.06	»
1858	9.72	»	3,506.75
1859	14.36	6,305.00	»
1860	11.76	7,470.40	»
1861	14.92	2,299.03	»
1862	10.46	4,870.79	»
1863	15.71	13,596.72	»
Totaux	123.11	50,817.92	4,328.50
Bénéfice apparent d'après la comptabilité.		46,489.42	

Mais à cause des frais d'améliorations, direction, etc., qui n'ont pas été portés dans les livres de Masny au compte du lin, il faut augmenter les dépenses de 19,531 fr. 68, et par conséquent diminuer les bénéfices de la même somme, ce qui les réduit à 27,057 fr. 74; le bénéfice moyen par hectare et par année de la période étudiée est donc de 219 fr. 80 c.

Ce bénéfice, dans son ensemble, est un peu inférieur à celui qu'a donné le blé, mais il faut tenir compte de deux circonstances. D'abord, M. Fiévet n'irrigue les lins que depuis 1863, et cette récolte a beaucoup souffert de la sécheresse dans plusieurs années antérieures. Ensuite, les prix du lin s'élèvent maintenant de plus en plus, surtout pour les sortes fines, qu'on cultive particulièrement à Masny. Aussi, M. Fiévet augmente-t-il chaque année, comme nous venons de le dire, l'étendue qu'il consacre au lin; il compte, habitué que se trouve actuellement son monde aux soins que réclame cette plante, sur des produits de plus en plus avantageux. Il a emblavé en lin, en 1864, une étendue de 22 hect. 38.

M. Fiévet a fait établir sous la gare, à l'extrémité des granges (TT, planche II), trois aires spéciales pour le battage du lin. Cette opération s'effectue à l'aide de maillets, comme le montre la figure 1 ci-contre. Les bottes de lin sont déliées, puis étendues sur l'aire, et enfin battues par la tête plate des maillets; le lin est ensuite remis en bottes de 10 kilogrammes pour être vendu et expédié aux maisons qui s'occupent du rouissage, qu'il ne fait pas lui-même.

La récolte de 1863 a été vendue au prix de 2 fr. 15 les 10 kilog. La graine encore propre à la semence, dite *après tonne de Riga*, c'est-à-dire de première récolte, a été vendue en partie au prix de 35 fr. l'hectolitre; l'autre

Fig. 1. — Battage du lin à la ferme de Masny.

partie a été gardée pour les semailles de l'année 1865. Il faut laisser reposer cette graine de première récolte pendant un an avant de la semer. La graine provenant d'une semence récoltée dans le pays est dite graine *sous après tonne*; elle n'est employée que pour l'extraction de l'huile; elle a été vendue au prix de 28 fr. l'hectolitre en 1863.

Pour qu'on se rende compte des produits annuels, et afin d'expliquer les résultats pécuniaires que nous venons de rapporter, nous placerons maintenant sous les yeux du lecteur les rendements constatés en graine et en tiges :

Années.	Lin en tiges après le battage. Kilogr.	Graine récoltée. Hectol.	Observations.
1853.	»	»	La récolte totale a été vendue sur pied.
1854.	..	41.75	La récolte a été vendue sur pied, mais la graine réservée.
1855.	»	97.00	La récolte a été vendue sur pied, mais la graine a été réservée.
1856.	»	93.73	Id.
1857.	»	104.00	Id.
1858.	»	»	La récolte totale a été vendue sur pied.
1859.	»	»	Id.
1860.	59,630	106.00	
1861.	»	»	La récolte totale a été vendue sur pied.
1862.	57,800	63.80	
1863.	97,570	171.00	

Les seuls rendements par hectare que nous puissions calculer sont complétement ceux des années 1860, 1862 et 1863, puisque la récolte a été vendue sur pied pour les autres années : en totalité, pour 1853, 1858, 1859 et

1861, et la graine réservée pour 1854, 1855, 1856 et 1857. Ces rendements sont les suivants :

Années.	Lin en tiges par hectare.	Graine par hectare.
	Kil.	Hectol.
1860	5,070	9.01
1862	5,526	6.10
1863	6,210	10.88

Quant aux produits en argent par hectare calculés ci-dessus en moyenne, ils présentent depuis 1859 des résultats croissants ; ils ont d'abord été tantôt en bénéfice et tantôt en perte.

En relevant sur les livres de la comptabilité les résultats financiers de cette culture depuis 1859, nous trouvons :

Années.	Recettes totales.	Frais.	Bénéfices.
	fr.	fr.	fr.
1859	13,685.35	7,380.35	6,305.00
1860	14,949.40	7,479.00	7,470.40
1861	13,224.63	10,925.60	2,299.03
1862	12,996.75	8,125-96	4,870.79
1863	25,507.27	11,910.55	13,596.72
Recettes totales en 5 ans.	80,363.40		

Mais il faut faire supporter à la culture du lin, comme à toutes les autres cultures, une part proportionnelle des frais de direction, rente du capital d'exploitation, etc. D'après les détails que nous donnerons dans le chapitre consacré au compte des profits et pertes, ces frais supplémentaires sont les suivants :

Années.	fr.
1859	1,987.14
1860	1,847.50
1861	3,038.76
1862	1,842.63
1863	3,211.60

Par conséquent les frais totaux réels de cette culture et les bénéfices ou pertes qu'elle a données ont été :

Années.	Frais totaux.	Bénéfices.	Pertes.
	fr.	fr.	fr.
1859	9,367.49	4,317.86	»
1860	9,326.50	5,622.90	»
1861	13,964.36	»	739.73
1862	9,988.59	3,008.16	»
1863	15,122.15	10,385.12	»
Frais totaux en 5 ans. . .	57,769.09		
Bénéfices totaux en 5 ans.		22,594.31	

En calculant par hectare, nous obtenons le tableau suivant pour les produits bruts en argent, les frais de culture et les bénéfices nets :

Années.	Recettes par hect.	Frais de culture par hectare.	Bénéfices par hect.	Pertes par hect.
	fr.	fr.	fr.	fr.
1859	953.02	652.33	300.69	»
1860	1,271.20	793.07	478.13	»
1861	886.30	935.94	»	49.64
1862	1,242.61	953.97	288.64	»
1863	1,625.22	962.98	662.24	»
Moyennes. . .	1,195.39	859.77		
Bénéfice moyen par hectare			335.62	

La moyenne générale du bénéfice par hectare cultivé en lin n'est pour la période entière, comme nous l'avons vu plus haut, que de 219 fr. 80. Le produit net s'est donc beaucoup élevé depuis 5 ans et cette culture est maintenant plus productive que celle du blé. On se l'explique aisément. D'abord les rendements en tiges surtout sont devenus de plus en plus considérables. Ensuite, à cause de la disette de coton produite par la guerre fratricide des deux Amériques, guerre néanmoins bien plutôt favorable que nuisible à l'agriculture européenne, les prix ont été en s'élevant. C'est donc une culture sur laquelle, à l'exemple donné par M. Fiévet, les cultivateurs doivent porter la plus grande attention.

Pour nous rendre compte des frais qu'exige la culture du lin, nous avons relevé le détail de toutes les opérations pour les deux dernières années de notre étude. Nous avons trouvé en ce qui concerne 1862 :

	Frais totaux. fr.	Frais par hect. fr.
Labours : 193 journées de chevaux, à 5 fr. par collier	967.50	92.48
Semence : 4 ton. de Riga (115 lit. par ton.) 240 f. ; Nettoyage 6 ; 24 hectol. 63 de graine après tonne reposée 936	1,182.00	113.00
Engrais laissé par la culture précédente	1,320.00	126.20
Tourteaux de colza, 3,150 kil. à 16 fr. 72 les 100 kil	527.60	50.43
Sarclages ; journées de femmes	252.70	24,14
Frais de récolte. Arrachage et battage	946.45	90.48
Paille de seigle pour liens	55.25	5.28
92 journées de chevaux	460.00	43.97
Frais génraux (fermage, impositions, etc.)	2,077.16	198.58
Autres frais généraux (direction, rente du capital d'exploitation, etc.)	1,842.63	176.16
Assurance contre la grêle	337.30	32.24
Totaux	9,988.59	953.97

La récolte totale de graines a été vendue et léguée en partie pour l'année suivante au prix de 1,740 fr. les 63 hectol. 80, ou 27 fr. 27 l'hectolitre, ou 166 fr. 34 le produit moyen de l'hectare. La vente des tiges a produit 11,126 fr., et il y a eu 130 fr. de remboursement pour indemnité de grêle, ce qui fait bien la recette totale de 12,996 fr. 75 déjà citée ci-dessus. Le quintal de tiges a été vendu au prix de 19 fr. 30. Le prix de revient qui s'obtient en retranchant des frais le produit de la vente des graines a été de 14 fr. 25 par quintal de tiges.

Les frais pour la récolte de 1863 se sont ainsi répartis :

		Frais totaux. fr.	Frais par hectare. fr.
Labours : 288 journées de chevaux à 5 fr. par collier		1,440.00	91.65
Semence : 15 tonnes de Riga à 80 fr.	1,200.00		
Nettoyage	22.50	1,936.50	123.26
17 hectol. 85 de graines après tonne reposée à 40 fr.	714.00		
Engrais laissé par la culture précédente (moitié de la fumure donnée à l'avoine)		585.00	37.24
Tourteaux de colza, 8,875 kil. à 17 fr. 31		1,417.83	90.25
Sarclages. Journées de femmes et d'irrigateurs.		718.20	45.72
Bacs pour l'irrigation		34.45	2.19
Charbon consommé pour faire marcher les pompes et journées de chauffeurs		58.65	3.74
Frais de récolte. Arrachage et battage		1,467.65	93.43
Paille de seigle pour liens		351.30	22.37
645 journées de chevaux		322.50	20.53
Gratifications		50.00	3.18
Frais généraux (fermage, impositions, etc.)		3,528.47	224.60
Autres frais généraux (direction, rente du capital, etc.)		3,211.60	204.43
Totaux		15,122.15	962.98

La récolte totale de la graine a été vendue ou léguée en partie pour l'année suivante au prix de 5,347 fr.; elle s'élevait à 171 hectolitres; le prix moyen de l'hectolitre a donc été de 31 fr. 26. La vente des tiges a produit 20,185 fr. 35 pour 97,570 kil. à 21 fr. 50 le quintal sous 4 pour 100 d'escompte. L'augmentation du prix du quintal est de 2 fr. 10 par rapport à l'année précédente. Le lin a été conduit à 6 kilomètres de la ferme; les frais de transport sont compris dans les journées indiquées dans le détail de la récolte. Le prix de revient du quintal des tiges, calculé en déduisant des frais totaux de la vente le produit de la graine, n'a été que de 10 fr.

La culture du lin est arrivée à Masny à donner un produit brut de 1,200 à 1,600 fr. par an et par hectare, en même temps qu'un produit net supérieur à celui de toutes les autres plantes. On peut lui reprocher sans aucun doute d'être très-épuisante, mais nous verrons quelles amples restitutions M. Fiévet fait à ses terres.

CHAPITRE XII

CULTURE DES BETTERAVES

Nous avons vu déjà la grande place que la betterave continue à occuper dans l'exploitation de M. Fiévet. Il la regarde comme le pivot de sa culture, puisqu'il est fabricant de sucre et en même temps un fort engraisseur de bétail.

M. Fiévet fait lui-même sa semence de betterave, en choisissant à l'automne les meilleurs sujets parmi sa récolte et les replantant au printemps dans un sol bien préparé.

Il fait ses semailles sur une terre fortement fumée, souvent à raison de 65,000 kilog. de fumier par hectare, outre 800 à 1,000 kilog. de tourteaux, des écumes de défécation, etc. Le fumier est enterré avant l'hiver après déchaumage et par un seul labour. M. Fiévet sème en lignes au printemps le plus tôt possible, même dans la dernière quinzaine de mars si le temps le permet; il s'est jusqu'à présent principalement servi d'un semoir à alvéoles enterrant et recouvrant lui-même la graine. Il ameublit auparavant avec un binot ou avec un extirpateur; il roule ensuite pour raffermir le sol. La quantité de graine employée par M. Fiévet est de 16 à 17 kilogrammes par hectare.

Quand les betteraves sont levées, il donne immédiatement plusieurs façons avec la houe à cheval et une façon de rasette à main pour espacer les racines et pour détruire les herbes poussées dans les lignes. Il termine quelquefois par un buttage au moyen d'un instrument spécial traîné par un cheval.

Les résultats de la culture des betteraves depuis 1852 ont été les suivants :

Années.	Nombre d'hectares en betteraves.	Récolte totale par année.	Récolte par hectare.
		kilogr.	kilogr.
1853	68.50	2,901,489	42,357
1854	69.29	2,564,095	37,005
1855	66.48	2,697,995	40,583
1856	64.59	2,876,583	44,536
1857	73.70	3,769,663	51,148
1858	71.78	3,209,828	44,719
1859	68.28	3,677,251	53,855
1860	63.60	3,090,349	48,590
1861	60.48	2,823,914	46,684
1862	65.17	3,968,752	60,898
1863	68.85	2,774,001	40,290
Totaux	740.72	34,353,920	»
Récolte moyenne par hectare			46,379

Le rendement moyen des six premières années a été de 43,490 kilogrammes, à l'hectare ; celui-ci des cinq dernières de 50,046 kilogrammes, malgré la médiocrité des récoltes de 1861 et 1862, qui ont été affaiblies par deux causes contraires : la première récolte par les pluies, la seconde par la sécheresse.

Néanmoins on va voir que le résultat en argent a notablement diminué dans trois des quatre dernières années, ce qui provient des frais considérables de la culture des betteraves que l'on charge d'ailleurs du prix de plus d'engrais que sans doute elle n'en consomme.

Nous avons relevé sur les livres les résultats du *compte betteraves;* ce compte donne, pour les recettes, les dépenses et les bénéfices ou pertes des mêmes années, les chiffres qui suivent :

Années.	Recettes totales.	Frais.	Bénéfices apparents.	Pertes.
	fr.	fr.	fr.	fr.
1853.......	54,165.25	34,229.21	19,936.02	»
1854.......	56,419.72	46,418.65	10,001.07	»
1855.......	59,471.80	34,528.64	24,943.16	»
1856.......	69,042.80	39,405.07	29,637.73	»
1857.......	90,506.15	52,518.63	37,987.52	»
1858.......	65,801.45	46,753.48	19,047.97	»
1859.......	62,693.25	43,094.60	19,598.65	»
1860.......	56,992.75	48,800.53	8,192.22	»
1861.......	47,954.35	52,159.29	»	4,204.94
1862.......	80,330.90	60,375.47	19,955.43	»
1863.......	54,170.11	59,272.91	»	5,102.80
Totaux...	697,548.53	504,556.48		

Mais la méthode de comptabilité à Masny n'a pas tenu compte des frais généraux de direction, de rente du capital d'exploitation, etc., qu'il faut, selon nous, répartir sur les cultures proportionnellement aux surfaces qu'elles occupent; si nous faisons cette rectification pour les betteraves, nous obtenons les résultats suivants :

Années	Frais généraux à ajouter.	Frais totaux.	Bénéfices réels.	Pertes
	fr.	fr.	fr.	fr.
1853.....	12,402.17	46,631.38	7,533.87	»
1854.....	9,610.21	56,028.86	390.86	»
1855.....	9,243.91	43,772.55	15,699.25	»
1856.....	9,553.20	48,958.27	20,084.53	»
1857.....	10,418.24	62,936.87	27,569.28	»
1858.....	7,011.83	53,705.31	12,036.14	»
1859.....	9,448.43	52,543.03	10,150.22	»
1860.....	9,991.59	58,792.12	»	1,799.37
1861.....	12,317.90	64,477.19	»	16,522.84
1862.....	11,479.77	71,855.21	8,475.66	»
1863.....	14,075.04	73,347.95	»	19,177.84
Frais totaux pour onze ans.		633,108.77		
Bénéfices totaux en onze ans.			64,439.76	

On voit bien par ces chiffres que dans les dernières années, bien que le rendement ait augmenté, le produit net a beaucoup diminué; trois années sur quatre ont donné lieu à des pertes importantes. Il ne faut pas toutefois oublier que la sucrerie exige de la ferme, d'arracher les betteraves à des époques de plus en plus hâtives, dès la première quinzaine de septembre maintenant, au lieu d'octobre et même de novembre.

Les prix payés par la fabrique de sucre à la ferme par 1,000 kilogrammes de betteraves sont réglés, comme nous l'avons déjà dit, sur le taux payé aux autres cultivateurs de la contrée qui fournissent des racines à l'usine.

En calculant les recettes, les dépenses et les bénéfices ou pertes par hectare, nous trouvons les nombres suivants :

Années.	Recettes par hect.	Frais par hect.	Bénéfices par hect.	Pertes par hect.
	fr.	fr.	fr.	fr.
1853............	790.73	692.42	98.31	»
1854............	814.54	808.61	5.93	»
1855............	894.58	658.43	236.15	»
1856............	1,068.93	758.14	310.79	»
1857............	1,228.03	853.98	374.05	»
1858............	916.71	749.02	167.69	»
1859............	918.17	768.35	149.82	»
1860............	896.11	924.40	»	28.29
1861............	792.89	1,066.09	»	273.20
1862............	1,232.63	1,102.57	130.06	»
1863............	786.78	1,065.33	»	278.55
Moyennes par hectare.	940.00	854.72	»	
Bénéfice annuel moyen par hectare......			85.28	

On voit que la dépense par hectare a fortement augmenté depuis dix ans, tandis que le produit brut en argent est resté à peu près stationnaire. Mais, nous le répétons, les frais de culture et surtout de fumure sont estimés très-haut. On fait en effet supporter à la récolte de la betterave les frais des engrais pulvérulents, et les deux tiers du fumier compté à raison de 5 fr. (et de 6 fr. depuis 1862) les 1,000 kilogrammes pris à la ferme.

Nous allons, du reste, comme nous l'avons fait plus haut pour le blé et pour le lin, donner les détails de ces frais pour les deux dernières années de notre étude, tels qu'ils résultent de la comptabilité adoptée à Masny, et en y ajoutant la portion des frais généraux que nous avons retrouvés dans le compte des profits et pertes comme non répartis entre les cultures.

En ce qui concerne 1862, qui a produit un bénéfice de 130 fr. 06 par hectare, nous trouvons :

		Frais pour 65 h. 17	Frais par hectare.
		fr.	fr.
Journées de chevaux		17,704.50	171.66
— d'ouvriers et d'ouvrières. . . .		6,635.00	101.80
Graine de betterave		973.00	14.93
Engrais. Fumier (2/3 de 13,858f.75)	9,925.55		
Parcage	4,160.95		
Paille pour le parcage . .	108.00	22,186.81	340.44
Ecumes de défécation. . .	4,786.30		
Tourteaux de colza . . .	3,206.00		
Frais généraux (fermage, impositions, etc.).		12,876.16	197.17
Autres frais généraux (direction, rente du capital d'exploitation, etc.)		11,479.77	176.17
Totaux		71,855 24	1,102.57

En 1863, où il y a eu une perte de 273 fr. 55 par hectare, les frais se sont ainsi répartis :

		Frais pour 68 h. 85.	Frais par hectare.
		fr.	fr.
Journées de chevaux		17,280.00	250.96
— d'ouvriers et d'ouvrières		6,771.60	98.35
Graine de betterave		1,184.50	17.23
Engrais. Fumier (2/3 de 11,580f00)	8,822.22		
Parcage	3,508.41	18,180.67	304.11
Écumes de défécation. . .	4,983.37		
Tourteaux de colza . . .	8,666.67		
Journées et charbon pour les irrigations. .		392.20	5.69
Frais généraux, (fermage, impositions, etc.).		15,463.94	224.60
Autres frais généraux, direction, etc		14,075.04	204.44
Totaux		73,347.95	1,065.33

Les différences des résultats des deux années s'expliquent naturellement par celles du rendement qui, de 60,898 kilogrammes de betteraves par hectare en 1862, est tombé à 40,290 en 1863.

On voit par les deux détails ci-dessus que les champs semés en betteraves reçoivent des engrais pour une somme de 300 à 400 fr. par hectare. Cette culture est par conséquent beaucoup chargée, et peut-être on ne lui fait pas rendre en apparence tout ce qu'elle donne réellement. Quelques explications feront comprendre notre pensée à cet égard.

Les prix réels auxquels, toutes réfractions faites pour terre adhérente, collets à couper, etc., les betteraves ont été payées à la ferme par la fabrique ont été successivement :

Années.	Prix des 1,000 kil. de betteraves.
	fr.
1853	18.66
1854	22.00
1855	22.04
1856	24.81
1857	24.19
1858	20.46
1859	17.05
1860	18.44
1861	16.69
1862	20.24
1863	19.52

Ces prix ne sont pas tout à fait assez élevés, surtout en présence de cette considération que la sucrerie, ayant intérêt à commencer son travail de très-bonne heure, prend tout d'abord les betteraves de la ferme, sans attendre leur complète maturité, et en s'inquiétant peu de diminuer le rendement par hectare. Cette diminution de produit dans la récolte s'élève souvent à une fraction assez considérable. La fabrique y gagne, si la ferme y perd. Mais c'est prendre d'une poche pour mettre dans l'autre, avec cet avantage seulement que la sucrerie fournit des bénéfices qui compensent bien et au delà les sacrifices imposés à la culture. Or, à Masny, les deux intérêts ne sont pas en lutte ; ils sont solidaires, puisque le fabricant de sucre forme une seule et même personne avec le cultivateur.

Sur les soins à donner à l'arrachage et à la conservation des betteraves, M. Fiévet s'exprime ainsi :

« L'arrachage des betteraves se fait à la main. Il est commencé en septembre pour les premiers besoins de la fabrique.

« Le collet qui porte les feuilles est aussitôt séparé de la racine et abandonné sur le sol. Les racines sont transportées à l'usine ou réunies pour peu de temps en petits tas couverts de feuilles qu'on ne tarde pas à enlever.

« Les moutons sont amenés pour consommer les feuilles et les collets. Ils en sont très-friands. C'est une excellente nourriture qui pousse à l'engraissement.

« Ainsi, lorsque la fabrication commence à Masny, les betteraves ne sont pas mûres, et on n'a pas alors à en faire de magasin.

« Plus tard, lorsque les betteraves sont mûres, on en fait des tas sur des terrasses, contre des murs situés au nord et à l'est de ces mêmes terrasses. Ces tas ont, à la base, une largeur de 30 à 40 mètres sur une très-grande longueur. Leur hauteur uniforme est de 2m.50.

« Avant les gelées, on forme sur la surface des tas, à l'opposite des murs, un rempart de terre recouvert par des paillassons croisés. La surface supérieuse des tas est couverte avec du mauvais regain qu'on achète à vil prix.

« Lorsque les racines s'échauffent et qu'elles sont sur le point de végéter, on remue les tas de fond en comble. Les racines sont rafraîchies et la fabrication se continue bonne.

« Ce mode de conservation pour la betterave existe depuis longtemps à Masny. Nous avons maintenant des imitateurs dans beaucoup de fabriques. »

La fabrique de sucre, si elle impose des conditions assez dures à la ferme de Masny, considérée comme exploitation séparée, est, d'un autre côté, la base même de sa prospérité à cause de toutes les matières fécondantes qu'elle lui fournit, parfois même gratuitement; car la comptabilité ne porte en compte au débet de la ferme que les pulpes et les écumes de défécation.

M. Fiévet a bien compris les avantages des industries annexées aux exploitations rurales. Tout près de Masny, il a fondé avec ses frères une autre fabrique qui ajoute encore à l'ensemble de ses moyens d'action. A la fin de son Mémoire, comme concurrent à la Prime d'honneur, il s'exprime à ce sujet de la manière suivante :

« Avant de terminer ce Mémoire, je crois devoir rappeler cette circonstance, que, en 1831, j'avais seulement dix-huit ans quand je me suis trouvé à la tête de l'exploitation agricole de Masny. La tâche était difficile; je dus faire un apprentissage. Heureusement pour moi que, après la mort de mon père, il me restait une mère intelligente, ayant un grand esprit d'ordre et d'économie. Avec son aide, je parvins vite à dominer la position qui m'avait été faite.

« Un plus jeune frère n'avait aussi que dix-huit ans quand, en 1835, il alla étudier la fabrication du sucre chez MM. Monier et Gantois, à Douai.

« En 1836, de concert avec lui, nous fîmes bâtir une fabrique de sucre. C'était encore pour moi une nouvelle épreuve; elle fut pénible, car mon frère et moi, pendant trois années, nous dûmes diriger la fabrique en passant à tour de rôle toutes les nuits d'hiver; mais le courage nous soutenait, nous obtenions des succès.

« Après quelques années, nous formâmes de bons surveillants; la tâche devint moins pénible. Mon plus jeune frère prit alors la direction de l'usine, et je m'occupai presque exclusivement de l'exploitation agricole.

« Les choses marchèrent ainsi jusqu'en 1850. A cette époque, enhardis par les succès obtenus, nous eûmes l'idée de former une Société, dont devaient faire partie les frères Fiévet et quelques actionnaires, pour fonder un vaste établissement comprenant une fabrique de sucre, une raffinerie, une distillerie. Cet établissement, situé à Sin, près Douai, contre la route impériale de Douai à Valenciennes, à 6 kilomètres de l'usine de Masny, fut créé dans les meilleures conditions; aussi y réalise-t-on de beaux bénéfices, dus à grande expérience et à l'habileté de mon plus jeune frère, qui en est le directeur-gérant. »

Si les cultures du blé et du lin donnent à Masny d'aussi beaux résultats que ceux que nous avons signalés, elles le doivent à la betterave, car c'est parce qu'on cultive la betterave qu'on a des terres profondément labourées, qu'on entretient un nombreux bétail et qu'on fait une grande quantité de fumier. Or, la culture du blé surtout est essentiellement épuisante et exige des restitutions que fournit la fabrique de sucre.

Après les trois cultures principales de la ferme de Masny, blé, betteraves et lin, nous allons examiner avec le même soin les cultures accessoires, savoir: avoine, seigle, prairies naturelles et artificielles, fèves et hivernages (seigle mélangé de vesces). Nous aurons ainsi passé en revue tous les produits de cette belle ferme; il nous restera encore à étudier le bétail et la production du fumier.

CHAPITRE XIII

CULTURE DE L'AVOINE

La culture de l'avoine n'occupe pas une grande place sur la ferme de Masny, quoiqu'elle y donne de bons résultats au point de vue des rendements. Elle est un peu sacrifiée à celle du lin qui lui succède, car le sol qui doit la porter est généralement fumé, ce qui est plus nuisible qu'utile à l'avoine dans les riches terres de l'exploitation. On lui fait supporter dans les comptes la moitié des frais de fumure, quoiqu'on estime qu'elle soit loin de consommer une telle proportion de l'engrais répandu.

L'avoine employée par M. Fiévet est l'avoine noire de Brie; elle lui paraît donner moins de paille et être moins sujette à la verse que l'avoine blanche, à cause de la plus grande roideur de ses tiges. La semence est très-souvent renouvelée par des achats faits chez d'autres cultivateurs.

La semaille s'effectue au commencement d'avril; elle

se fait en lignes, au moyen d'un semoir à cuillers, avec 130 à 140 litres de grain à l'hectare.

Pour préparer la terre destinée à porter cette récolte, M. Fiévet fait donner, après l'arrachage de la betterave, un simple labour, en attendant qu'on ait le temps d'amener le fumier, car sur la ferme de Masny on commence toujours par fumer la sole des betteraves, regardées comme la culture essentielle. Le fumier est enterré à une assez grande profondeur, à $0^{m}.20$ environ. Au printemps, on ameublit la terre par un scarificateur ou par le binot flamand, et on rend la surface bien plane au moyen d'une herse triangulaire ordinaire.

Après la semaille, on roule avec un rouleau uni en fonte quand la terre est suffisamment sèche. Ce plombage du sol ne présente aucun inconvénient à cause de la grande quantité de fumier enterrée et qui fait en quelque sorte matelas.

Lorsque l'avoine est levée et a poussé deux feuilles, lorsqu'à peine elle commence à taller, on détruit les mauvaises herbes, soit en binant à la main, soit au moyen de la houe à cheval. Si l'on a le temps, et afin de mieux effectuer la destruction des plantes adventices, on fait ensuite passer la herse dite à mille dents. Cette herse, qui ne peut être employée avec succès que dans les terres bien meubles et bien labourées, est en bois, rectangulaire, avec 4 traverses garnies de 18 ou de 19 dents obliques; ces dents, dirigées alternativement en arrière sur la première traverse et en avant sur la seconde, sont placées de manière à tracer chacune son sillon sans qu'aucune portion du sol échappe à l'action de l'instrument. Le travail obtenu au moyen de cet instrument, dont on trouvera plus loin le dessin, est excellent. On détruit ainsi toutes les mauvaises herbes à peine germées, sans nuire à la solidité des racines de l'avoine.

On coupe l'avoine vers la fin d'août, lorsqu'elle est mûre, et on la met immédiatement en petites javelles qu'on ne laisse sur le sol que durant 4 ou 5 jours. On ne donne pas plus de temps à cette action du javelage à cause du danger que présente dans le Nord le climat pluvieux en cette saison ; on retourne les javelles au bout de 2 ou 3 jours. Les javelles sont réunies en gerbes liées avec de la paille de seigle; les gerbes sont mises en chaîne ou mieux encore amassées en petits monts recouverts du chapeau en paille employé pour le blé. On rentre du reste le plus vite possible pour mettre en grange ou en meule. Le battage s'effectue à la machine, autant que possible avant la réouverture de la fabrique de sucre. Du reste, tous les grains sont battus à Masny aussitôt qu'on le peut, alors que les jours sont encore assez longs, parce qu'il résulte de la plus grande durée des journées de travail des ouvriers une notable économie de main-d'œuvre. Pour les travaux ruraux la présence du soleil au-dessus de l'horizon est la base de la durée des occupations des ouvriers qui font de longues journées l'été, de courtes journées l'hiver; on ne peut, comme dans les manufactures, uniformiser par l'éclairage des journées que la nature fait inégales. Un sage fermier doit tenir compte de toutes les circonstances de ce genre pour bien administrer un domaine.

L'avoine en grain est conservée dans le grenier conservateur qui a été décrit précédemment et qui sert aussi pour le blé et le seigle.

La culture de l'avoine a donné à Masny, pour les onze années qui font l'objet plus spécial de notre étude, les résultats suivants :

Années de la récolte.	Nombre d'hectares en avoine.	Récolte totale.	Rendement par hectare.
		Hectolitres.	Hectolitres.
1853	10.06	400.00	39.76
1854	9.95	553.09	55.38
1855	11.81	818.33	69.29
1856	9.69	552.22	56.98
1857	9.72	459.11	47.23
1858	12.63	735.95	58.27
1859	10.51	643.60	44.30
1860	15.60	962.71	61.71
1861	10.74	677.20	63.05
1862	11.76	950.88	80.94
1863	12.27	852.20	69.45
Totaux	124.74	7,606.29	
Rendement moyen général par hectare			60.96

Ainsi le rendement de l'avoine a varié de 40 à 81 hectolitres, c'est-à-dire du simple au double, comme cela arrive du reste pour le blé.

Le rendement moyen des six premières années rapportées ci-dessus a été de 55h.32, et celui des cinq dernières années de 65h.89. Ainsi la fertilité croissante des terres de la ferme de Masny est rendue manifeste par les résultats que donne la culture de l'avoine aussi bien que par ceux obtenus avec le blé et avec les betteraves.

Les époques des minima et des maxima des rendements de l'avoine ne coïncident pas avec celles des minima et maxima des récoltes de blé; les conditions météorologiques qui conviennent à ces deux céréales sont très-différentes; en outre, l'action de l'hiver, si énergique souvent sur les blés d'automne, ne peut pas se faire directement sentir sur les avoines de printemps.

L'avoine ainsi que sa paille sont entièrement consommées dans la ferme.

La quantité totale de paille d'avoine récoltée pendant les onze années a été de 573,420 kilogrammes, soit en moyenne de 4,597 kilogrammes par hectare et par an. En 1862 le rendement en paille par hectare a été de 6,369, et en 1863 de 7,008 kilogrammes. Ainsi le produit en paille, par son accroissement, atteste de son côté l'augmentation de la fécondité du sol.

En relevant sur les livres les résultats de la comptabilité du compte avoine, nous avons trouvé les chiffres suivants :

Années.	Recettes totales.	Frais.	Bénéfices apparents.	Pertes.
	fr.	fr.	fr.	fr.
1853.	5,785.02	7,490.94	»	1,705.92
1854.	6,408.94	4,730.45	1,678.49	»
1855.	8,450.15	5,349.71	3,100.44	»
1856.	6,307.75	3,322.95	2,984.80	»
1857.	7,391.80	4,842.25	2,549.55	»
1858.	8,098.90	4,418.65	3,680.25	»
1859.	7,311.97	6,934.26	377.71	»
1860.	12,046.73	10,456.05	1,590.68	»
1861.	7,324.05	6,301.95	1,022.10	»
1862.	10,082.00	6,171.55	3,910.45	»
1863.	9,290.07	7,362.94	1,927.13	»
Totaux . . .	88,497.38	67,381.70	22,821.60	1,705.92
Moy. annuelles.	8,045.21	6,125.61	1,919.60	»

Pour établir les comptes, on a supposé à l'avoine les

prix du marché de Douai au fur et à mesure de sa consommation. La paille de l'avoine a été portée en compte, comme celle du blé, à raison de 36 fr. les 1,000 kilogrammes. Mais nous devons apporter aux chiffres ci-dessus une rectification en faisant entrer en ligne de compte les frais de direction, la rente du capital d'exploitation, le coût de divers travaux d'amélioration, et autres frais détaillés dans le chapitre des profits et pertes; tous ces frais pèsent sur la culture de l'avoine comme sur toutes les autres. Nous trouvons alors :

Années.	Frais généraux à ajouter.	Frais totaux.	Bénéfices réels.	Pertes.
	fr.	fr.	fr.	fr.
1853.	1,821.39	9,312.33	»	3,527.31
1854.	1,326.13	6,056.58	352.36	»
1855.	1,642.15	6,991.86	1,458.29	»
1856.	1,433.20	4,756.45	1,551.60	»
1857.	1,374.02	6,216.27	1,175.53	»
1858.	1,233.76	5,652.41	2,416.49	»
1859.	1,454.34	8,388.60	»	1,076,63
1860.	2,450.75	12,906.80	»	860.07
1861.	1,664.10	7,966.05	»	642.00
1862.	2,071.53	8,243.08	1,838.92	»
1863.	2,508.36	9,871.30	»	581.23
Frais totaux pour 11 ans. .		86,361.43	»	»
Bénéfices réels totaux en onze ans. . . .			2,135f.95	

On voit que la culture de l'avoine, comme celle du blé et des betteraves, est sujette à donner lieu à des pertes assez considérables. A mesure qu'on étudie davantage les questions des pertes et profits, on reconnaît de mieux en mieux la nécessité de varier les cultures pour que les bénéfices des unes compensent, dans certaines années, les pertes des autres, et on constate en outre l'utilité de s'éclairer par une sévère comptabilité.

En rapportant à l'hectare les recettes, les dépenses et les bénéfices, nous obtenons les chiffres suivants :

Années.	Recettes par hectare.	Frais par hectare.	Bénéfices par hectare.	Pertes.
	fr.	fr.	fr.	fr.
1853.	575.05	925.67	»	350.62
1854.	644.11	608.68	35.43	»
1855.	715.50	592.29	123.21	»
1856.	650.95	490.83	160.12	»
1857.	760.47	640.56	119.91	»
1858.	641.24	447.54	193.70	»
1859.	695.71	798.15	»	102.44
1860.	772.22	827.36	»	55.14
1861.	682.93	742.65	»	59.72
1862.	757.31	700.94	56.37	»
1863.	757.13	804.50	»	47.37
Moy. par hectare.	709.45	692.33	»	»

Bénéfice moyen par hectare. 17f.12

D'après ce tableau, on voit que l'avoine, dont les frais de culture ne sont que très-peu inférieurs à ceux de la culture du blé (692 au lieu de 714), donne à Masny un bénéfice beaucoup moindre, 17 fr. par hectare environ, au lieu de 256 que fournit le blé. C'est que l'avoine, malgré un rendement supérieur en hectolitres, ne se vend sur les marchés qu'à un prix relativement très-inférieur à celui du froment. D'un autre côté, il faut répéter que M. Fiévet fume d'une manière énergique les champs qui doivent porter de l'avoine, contrairement à ce que font beaucoup de cultivateurs; le prix de revient du grain s'en trouve assez augmenté, quoiqu'on suppose que la moitié seulement du fumier soit consommée par cette récolte.

L'hypothèse de M. Fiévet pour la consommation des engrais est que la betterave consomme les deux tiers du fumier de ferme qui lui est appliqué et la totalité des engrais pulvérulents et du parcage; que les fèves et l'avoine consomment la moitié du fumier. La sole de blé ne reçoit pas de fumier de ferme; on porte au compte de la culture du blé le fumier qui est supposé laissé dans la terre par les récoltes précédentes et la totalité des engrais pulvérulents (tourteau, guano, etc.) qu'on lui donne.

Pour qu'on comprenne bien les frais que coûte l'avoine, à Masny, nous en avons extrait le détail des livres de la comptabilité pour les deux dernières années sur lesquelles porte notre étude. Nous avons trouvé pour 1862 qui a donné lieu à un bénéfice de 56f.37 par hectare :

	Frais totaux pour 11 h. 76	Frais par hectare
	fr.	fr.
Labour : 208 journées de chevaux à raison de 5 fr. par collier pour labours, conduite du fumier, hersages, etc.	1,040.00	88.43
Journées d'ouvriers	355.75	30.24
Semence : 765 kilogr. à raison de 18 fr. 50 le quintal	141.50	12.04
Engrais : La moitié de 322,500 kilogr. de fumier, à 6 fr. les 1,000 kilogr. (1,935 fr.). . .	967.50	82.27
Moisson : 45 journées de chevaux à 5 fr. . .	225.00	19.13
Ouvriers	344.00	29.25
3,728 kilogr. de paille de seigle pour liens, à 5 fr. le quintal.	186.40	15.86
Battage : 40 journées de chevaux pour transports	200.00	17.02
Ouvriers.	340.55	28.95
Charbon pour la machine à vapeur	48.00	4.08
Frais généraux (fermage, impôts, etc.). . . .	2,322.85	197.52
Autres frais généraux (direction, rente du capital d'exploitation, etc)	2,071.53	176.15
Totaux	8,243.08	700.94
A déduire pour 6,369 kilogr. de paille à l'hect.		229.28
Frais pour 80h.94 d'avoine.		471.68
Prix de revient d'un hectolitre d'avoine . . .		5.82

Pour l'année 1863, qui a donné lieu à une perte de 47f. 37 par hectare, les comptes de l'avoine s'établissent ainsi :

	Frais totaux pour 12h,27. fr.	Frais par hectare. fr.
254 journées de chevaux à 5 fr. par collier pour labours, conduite de fumier, hersages, etc.	1,270.00	103.50
Journées d'ouvriers	258.65	21.08
Semence : 788 kilogr. d'avoine à 18 fr. 21 le quintal	143.50	11.69
Engrais : La moitié de 550,000 kilogr. de fumier, à 6 fr. les 1,000 kilogr. (3,300 fr.) . .	1,650.00	134.47
Fumier laissé par la récolte précédente . . .	45.00	3.69
Moisson : 40 journées de chevaux	200.00	16.29
Ouvriers.	345.50	28.15
1,680 kilogr. de paille de seigle pour liens, à 5 fr. le quintal	84.00	6.86
Battage : 52 journées et demie de chevaux pour transports	262.50	21.39
Ouvriers.	277.95	22.66
Charbon pour la machine à vapeur.	70.00	5.70
Frais généraux (fermage, impôts, etc.). . . .	2,755.84	224.60
Autres frais généraux (direction, rente du capital d'exploitation, etc.)	2,508.36	204.42
Totaux	9,871.30	804.50
A déduire pour 7,008 kilogr. de paille à l'hect.		252.29
Frais pour 69 hectol. 45 d'avoine		552.21
Prix de revient d'un hectolitre d'avoine . . .		7.95

Évidemment la culture de l'avoine se trouve faite à Masny, comme celle du blé, dans d'excellentes conditions, mais l'écart entre le prix de revient et le prix du marché est en moyenne trop faible, en raison des charges générales de la ferme, pour qu'on puisse l'entreprendre autrement que pour la consommation intérieure. Un bénéfice moyen annuel de 17 francs par hectare sur une période de onze années est évidemment trop peu élevé pour s'engager à tenter une spéculation commerciale.

CHAPITRE XIV

CULTURE DU SEIGLE

Le seigle n'est cultivé à Masny, comme dans toutes les contrées dont l'agriculture est avancée, que pour obtenir la paille nécessaire à la fabrication des liens employés pour la moisson. Il est semé après le blé, dans les derniers jours de septembre ou au commencement d'octobre. Immédiatement après la moisson, on donne au champ un fort labour sans déchaumage préalable et on fait passer le rouleau Crosskill pour bien ameublir la surface du sol. Plus tard, on sème à la volée sur le guéret repoussé, sans fumer et sans mettre aucun engrais; on enterre le grain avec le binot flamand et on donne un coup de herse triangulaire. Au printemps, on fait passer la herse dite à mille dents. On moissonne au commencement de juillet; on rentre tout de suite pour battre au fléau sans délai et sans avoir recours à la machine à battre parce qu'on a pour but de bien conserver la paille. Le grain et la paille sont entièrement consommés dans la ferme.

En relevant sur les livres les résultats de la culture du seigle pour les onze années sur lesquelles porte notre étude, nous avons trouvé les chiffres suivants :

Années de la récolte.	Nombre d'hectares en seigle.	Récolte totale.	Rendement par hectare.
	Hectares.	Hectolitres.	Hectolitres.
1853	4.52	71.70	15.86
1854	2.60	84.50	32.50
1855	3.49	121.75	34.88
1856	4.52	116.06	25.67
1857	3.62	91.25	25.20
1858	3.28	82.00	25.30
1859	4.52	148.82	32.92
1860	1.58	49.45	31.29
1861	3.73	89.00	23.85
1862	5.71	106.00	18.56
1863	3.28	99.00	30.18
Totaux	40.85	1,059.53	»
Rendement moyen général par hectare . . .			25.93

Le rendement moyen des six premières années a été de 23^{h}.23 par hectare, et celui des cinq dernières de 27^{h}.36. Cette culture, comme toutes les autres que nous avons étudiées, démontre donc l'accroissement de la fertilité du sol de la ferme. Le rendement moyen annuel du seigle, comme celui du blé et de l'avoine, peut varier du reste du simple au double.

La paille étant le produit pour lequel cette culture est principalement faite, notre attention s'y est portée d'une manière spéciale ; nous avons constaté les produits suivants :

	Kilogr.
Pendant les neuf premières années, de 1853 à 1861, quantité totale de paille produite par 31 hect. 46.	160,096
Soit par hectare en moyenne.	5,138
En 1862, pour 5 hect. 71 on a eu 31,011 kilogr., ou par hectare	5,431
En 1863, pour 3 hect. 28 on a eu 22,707 kil., ou par hect.	6,923

Le seigle n'est donné à consommer au bétail qu'après avoir été moulu ; il est compté au prix du marché. La paille est portée dans les comptes à raison de 50 fr. les 1,000 kilog. Les recettes et les dépenses se sont, d'après les livres de la comptabilité, balancées de la manière suivante :

Années.	Recettes totales.	Frais inscrits.	Bénéfices apparents.
	fr.	fr.	fr.
1853. . . .	3,102.10	1,239.58	1,862.52
1854. . . .	2,655.30	1,922.88	732.42
1855. . . .	3,562.35	1,914.65	1,647.70
1856. . . .	3,183.95	2,247.25	936.70
1857. . . .	2,897.50	1,954.50	943.00
1858. . . .	1,005.95	972.15	33.80
1859. . . .	1,598.02	1,045.15	552.87
1860. . . .	2,309.65	1,354.65	955.00
1861. . . .	2,082.05	1,552.35	529.70
1862. . . .	3,196.30	1,809.56	1,386.74
1863. . . .	2,323.35	1,158.32	1,165.03
Totaux. . .	27,916.52	17,171.04	10,745.48
Moyennes annuelles.	2,537.86	1,561.00	976.86

Mais pour avoir les frais réels, il faut encore porter au compte de la culture du seigle la part proportionnelle de frais de direction, de rente du capital d'exploitation et de travaux d'amélioration divers, que la comptabilité a seulement mis au compte général des profits et pertes, sans en faire la répartition entre les cultures. En faisant cette rectification, nous trouvons les frais réels qui suivent :

Années.	Frais généraux à ajouter.	Frais totaux.	Bénéfices réels.	Pertes.
	fr.	fr.	fr.	fr.
1853...........	818.36	2,057.94	1,044.16	»
1854...........	360.60	2,283.48	371.82	»
1855...........	485.27	2,399.92	1,162.43	»
1856...........	668.55	2,915.80	268.15	»
1857...........	511.72	2,466.22	431.28	
A reporter. . . .		12,123.36	3,277.84	»

Années.	Frais généraux à ajouter. fr.	Frais totaux. fr.	Bénéfices réels. fr.	Pertes.
Report		12,123.36	3,277.84	»
1858............	320.46	1,292.61	»	286.66
1859............	573.76	1,618.91	»	20.89
1860............	248.22	1,602.87	706.78	»
1861............	759.68	2,312.03	»	229.98
1862............	1,005.83	2,815.39	380.91	»
1863............	670.53	1,828.85	494.50	»
Frais totaux pour onze ans...		23,594.02	»	»
Bénéfices réels totaux en onze ans....			4,322.50	

On voit par ces chiffres que le seigle, comme les autres cultures déjà étudiées, a donné tantôt des bénéfices, tantôt des pertes, et à mesure qu'on examine avec plus de soin une grande exploitation rurale, telle que celle de Masny, on confirme davantage la nécessité de cultiver plusieurs plantes pour échapper en fin de compte autant que possible aux mauvaises chances qui ne peuvent pas frapper à la fois toutes les récoltes.

En rapportant à l'hectare les recettes, les dépenses et les bénéfices, nous trouvons :

Années.	Recettes par hectare. fr.	Frais totaux par hectare. fr.	Bénéfices par hectare. fr.	Pertes. fr.
1853	686.30	455.29	231.01	»
1854	1,021.25	878.25	143.00	»
1855	1,017.86	687.65	330.21	»
1856	704.41	645.09	59.32	»
1857	800.41	681.26	119.15	»
1858	309.69	394.09	»	84.40
1859	353.54	358.16	»	4.62
1860	1,461.80	1,014.46	446.34	»
1861	558.19	619.84	»	61.65
1862	559.77	493.06	66.71	»
1863	708.33	557.57	150.76	»
Totaux . . .	8,181.55	6,784.72	»	»
Moy. par hectare. .	743.77	616.79	»	»
Bénéfice moyen par hectare.			126.98	

Le bénéfice par hectare est encore considérable; quoique moins fort que celui donné par le blé, il dépasse beaucoup celui de la culture de l'avoine. Il est vrai qu'on ne porte au compte du seigle aucune dépense pour engrais

Le détail des frais de culture a été le suivant pour 1862 :

	Frais totaux pour 5h.71. fr.	Frais par hectare. fr.
Labours : 30 journées de chevaux à 5 fr. . .	150.00	26.26
Semence : 10 hectol. à 15f.50.	155.00	27.14
Ouvriers.	8.75	1.53
Moisson : Ouvriers.	143.75	25.17
17 1/2 journées de chevaux.	87.50	15.34
Battage : Ouvriers.	119.55	20.95
Frais généraux (fermage, impôts, etc.). . .	1,127.91	197.53
Assurance.	17.10	2.99
Autres frais généraux (direction, rente du capital d'exploitation, etc.)	1,005.83	176.15
Totaux.	2,815.39	493.06
A déduire pour 5,431 kil. de paille à l'hectare, à 50 fr. les 1,000 kil.		271.55
Frais pour 18 hectol. 56.		221.51
Prix de revient d'un hectolitre de seigle.		11.93

En 1863, les frais ont été :

	Frais totaux pour 3h.28. fr.	Frais par hectare. fr.
Labours : 12.5 journées de chevaux, à 5 fr. .	62.50	19.06
Semence : 6 hect. 67 de seigle, à 13f.50. . .	90.05	7.54
Journées d'ouvriers.	5.40	1.64
Moisson : Journées d'ouvriers.	73.68	22.47
8 journées de chevaux.	40.00	12.20
Battage : Journées d'ouvriers.	150.00	45.73
Frais généraux (fermage, impôts, etc.). . . .	736.69	224.60
Autres frais généraux (direction, rente du capital d'exploitation, etc.)	670.53	204.42
Totaux.	1,828.85	557.66
A déduire pour 6,923 kilog. de paille à l'hectare, à 50 fr. les 1,000 kilog.		346.15
Frais par 30 hectolitres 18.		211.51
Prix de revient d'un hectolitre de seigle.		7.00

Plus tard nous aurons encore à discuter ce prix de revient et à rechercher quelle est sa valeur pour une période assez longue.

En raison de la haute valeur attribuée à la paille de seigle, le seigle est le grain qui, dans les exploitations à culture intensive, revient au plus bas prix. Mais une plus grande production ferait bien vite tomber le cours de cette paille qui n'a que des emplois en fin de compte assez restreints.

Les cultivateurs allemands, qui distillent habituellement le seigle pour faire manger les résidus par leur bétail, trouveront dans le bon marché du prix de revient de ce grain la justification de leur pratique. Ce bon marché provient surtout à Masny de ce que le seigle, pris après un blé sans addition d'engrais, profite gratuitement de la fertilité accumulée dans le sol.

Souvent à Masny on coupe en vert une partie du seigle pour le faire consommer par le bétail ou par les chevaux; nous avons eu soin de déduire, pour donner les chiffres précédents, ce qui concernait la culture de ce fourrage hâtif. D'après la comparaison de ses propriétés nutritives avec celles du foin, on a estimé à Masny qu'en 1863 un hectare de seigle vert équivalait à 11,200 kilogrammes de foin sec.

Le seigle, à Masny, acquiert maintenant une hauteur vraiment extraordinaire; il dépasse 2 mètres, et cela explique le fort rendement que fournit sa paille.

CHAPITRE XV

PRAIRIES NATURELLES ET ARTIFICIELLES

La prairie proprement dite n'occupe sur la ferme de Masny qu'une surface proportionnellement très-restreinte, mais on supplée amplement à ce défaut par l'étendue considérable des racines. Néanmoins les plantes fourragères artificielles y offrent l'aspect le plus florissant, et, comme les comptes que nous allons donner le montrent, elles présentent des rendements tout à fait remarquables.

La prairie naturelle ou permanente de M. Fiévet qui ne mesure maintenant que 350 ares est de récente formation ; l'ancienne a été retournée ; il en résulte que les frais ne sont pas encore couverts et que les derniers comptes annuels se soldent en perte. Elle est arrosée par une irrigation à reprise d'eau au moyen des eaux de la fabrique qui se répandent dans des rigoles de niveau. On détermine l'arrêt de l'eau et la submersion successive de toute la surface au moyen de barrages obtenus par une planche demi-ovale armée d'une poignée et facile à déplacer à volonté. On fait pâturer cette prairie, et on estime son rendement par le nombre de bêtes qui s'y nourrissent, en admettant que chaque bête à cornes absorbe ainsi une ration de 10 kilogrammes de foin sec.

Comme prairie artificielle, M. Fiével ne fait usage que du trèfle. On sème dans le blé en mars ou en avril après un binage et on enterre la semence par un trait de la herse dite à mille dents. On emploie par hectare 13 kilogrammes de graine de trèfle du Nord ou trèfle flamand.

Après le hersage, on affermit le sol par un roulage.

Lorsque le blé a été moissonné et que le trèfle a gazonné, vers la fin de septembre ou le commencement d'octobre, on fait paître par les moutons ou par les vaches laitières.

A la fin du mois de mai suivant ou au commencement de juin, on coupe une partie du trèfle pour le faire consommer en vert. Dans la seconde quinzaine de juin, on fauche l'autre partie pour en faire du foin sec.

Une fois la fauchaison faite, les moutons entrent pour y parquer dans les trèfles qu'on veut retourner immédiatement après; on choisit pour cela les parties les plus défectueuses. Pour le reste, on prend une seconde coupe pendant le mois d'août.

Le tableau suivant représente les étendues consacrées aux prairies tant naturelles qu'artificielles, et les rendements totaux exprimés en foin sec pendant les dix dernières années :

Années.	Prairies artificielles. Hectares.	Prairies artificielles. Rendements totaux exprimés en foin sec.	Prairies naturelles. Hectares.	Prairies naturelles. Rendements totaux exprimés en foin.
		kilogr.		kilogr.
1854	12.21	117,569	6.33	28,943
1855	11.92	107,190	3.39	11,400
1856	13.45	100,864	3.39	19,556
1857	12.77	92,781	3.39	12,468
1858	12.38	47,965	3.39	8,989
1859	10.70	62,206	1.92	11,937
1860	14.70	111,872	1.92	10,720
1861	16.28	107,243	1.02	5,616
1862	11.98	95,884	3.50	23,642
1863	10.97	99,083	3.50	16,781
Totaux	130.36	942,657	31.75	150,052
Moyennes annuelles.		94,265		15,005

Les rendements par hectare exprimés en foin sec ont présenté pendant chacune de ces années la série suivante :

Années.	Rendements par hectare des prairies artificielles.	Rendements par hectare des prairies naturelles.
	kilogr.	kilogr.
1854	9,628	4,572
1855	7,184	3,362
1856	7,499	5,768
1857	7,262	3,382
1858	3,874	2,651
1859	5,813	6,217
1860	7,610	5,583
1861	6,587	5,505
1862	8,005	6,755
1863	9,032	4,799
Rendements moyens des 5 premières années	7,089	3,947
Rendements moyens des 5 dernières années	7,409	5,772
Rendements moyens généraux	7,249	4,859

Comme toutes les autres récoltes de la ferme, les prairies présentent donc des rendements croissants.

En relevant sur les livres les dépenses et les recettes qu'occasionne la production du foin, on trouve les résultats annuels que nous allons exposer.

D'abord pour les prairies artificielles, c'est-à-dire pour le trèfle, en reproduisant les résumés de la comptabilité non corrigée, nous trouvons :

Années.	Recettes totales.	Frais inscrits.	Bénéfices apparents.	Pertes.
	fr.	fr.	fr.	fr.
1854	7,054.10	3,250.05	3,804.05	»
1855	6,432.00	3,616.05	2,815.95	»
1856	6,051.85	3,335.65	2,716.20	»
1857	5,566.80	3,115.85	2,450.95	»
1858	2,913.90	3,177.95	»	264.05
1859	3,626.75	3,099.46	527.29	»
1860	6,724.30	4,621.55	2,102.75	»
1861	6,436.55	6,531.20	»	94.65
1862	5,783.45	3,420.77	2,362.68	»
1863	5,945.00	3,428.20	2,516.80	»
Totaux	56,634.70	37,696.73	19,296.67	358.70
Moy. annuelles . .	5,663.47	3,759.67	1,903.80	»

Mais il faut faire partager aux cultures fourragères, comme à toutes les autres cultures de la ferme, les frais de direction, la rente du capital d'exploitation et les autres frais que la comptabilité a simplement portés dans le chapitre des profits et pertes. Cette rectification réduit les bénéfices ainsi qu'il suit :

Années.	Frais généraux à ajouter.	Frais totaux.	Bénéfices réels.	Pertes.
	fr.	fr.	fr.	fr.
1854	1,693.47	4,943.52	2,110.58	»
1855	2,074.59	5,690.64	741.36	»
A reporter.	»	10,634.16	2,851.94	»

Années.	Frais généraux à ajouter. fr.	Frais totaux. fr.	Bénéfices réels. fr.	Pertes. fr.
Report. . .	»	10,634.16	2,831.94	»
1856	1,989.32	5,324.97	726.88	»
1857	1,805.16	4,921.01	645.79	»
1858	1,209.33	4,387.28	»	1,473.38
1859	1,480.64	4,580.10	»	953.35
1860	2,309.37	6,930.92	»	206.62
1861	3,309.03	9,840.23	»	3,403.68
1862	2,110.40	5,531,17	252.28	»
1863	2,242.55	5,670.75	274.25	»
Frais totaux pour 10 ans	»	57,820.59	»	»
Perte totale en 10 ans.			1,185.89	

Au lieu d'un bénéfice, on trouve, lorsqu'on suppute tous les frais, une perte définitive sur la période dont il nous a été possible de faire l'étude.

Nous n'avons pas introduit dans nos tableaux l'année 1853, comme nous l'avons fait pour les autres cultures, parce que, à l'origine, la comptabilité de Masny ne tenait pas compte des prairies.

En rapportant à l'hectare les résultats définitifs, nous obtenons le tableau suivant :

Années.	Recettes par hectare. fr.	Frais par hectare. fr.	Bénéfices par hectare. fr.	Pertes par hectare. fr.
1854	577.78	404.87	172.91	»
1855	431.09	381.47	49.68	»
1856	449.95	395.91	54.04	»
1857	435.92	385.28	50.64	»
1858	235.37	354.38	»	119.01
1859	338.94	428.05	»	89.11
1860	457.43	471.49	»	14.06
1861	395.36	604.43	»	209.07
1862	482.75	461.70	21.05	»
1863	541.93	516.92	25.01	»
Moy. par hectare.	434.64	444.31	»	»
Perte moy. par h^re			9.66	

Afin qu'on puisse se rendre compte des causes pour lesquelles le trèfle produit de tels résultats pécuniaires, quoiqu'on ne fasse supporter à cette culture aucune dépense ni pour labours ni pour engrais, il importe de donner ici le détail des frais, comme cela a été fait du reste pour toutes les autres cultures de l'exploitation de Masny. Nous avons trouvé pour ce qui concerne l'année 1862 :

	Frais totaux pour 11 h. 98. fr.	Frais par hectare. fr.
Semences : 142 kilogr. 50 de graines, à 1 fr. 58.	224,90	18.77
Journées d'ouvriers pour la semaille	14.35	1.20
Récoltes : Journées d'ouvriers.	541.50	45.20
54.5 journées de chevaux à 5 fr.	272.50	22.75
Frais généraux (fermages, impôts, etc.).	2,367.52	197.62
Autres frais généraux (direction, rente du capital d'exploitation, etc.).	2,110.40	176.16
Totaux	5,531.17	461.70
Prix de revient de 1,000 kilogr. de foin de trèfle.	57.70	

Pour l'année 1863, les frais accusés par la comptabilité de Masny augmentés, comme pour toutes les autres cultures, des frais généraux de direction, de rente du capital d'exploitation et de diverses dépenses d'amélioration, sont les suivants :

	Frais totaux pour 10 h. 97. fr.	Frais par hectare. fr.
Semences : 150 kilogr. à 1 fr. 25	187.50	17.10
Journées d'ouvriers pour la semaille	15.60	1.42
Récolte : Journées d'ouvriers.	365.35	34.63
76 journées de chevaux à 5 fr.	380.00	33.30
Frais généraux (fermages, impôts, etc.).	2,479.75	226.05
Autres frais généraux (direction, rente du capital d'exploitation, etc.)	2,242.55	204.42
Totaux	5,670.75	516.92
Prix de revient de 1,000 kilogr. de foin de trèfle .	57.23	

Nous rappellerons ici que, dans la comptabilité de la

ferme, le foin de trèfle, comme celui des prairies naturelles, est livré au bétail au prix de 60 fr. les 1,000 kilogr.

Nous passons maintenant aux résultats qu'ont fournis les prairies naturelles.

En relevant sur les livres les recettes et les dépenses, nous avons trouvé les chiffres qui suivent :

Années.	Recettes totales.	Frais portés en compte.	Bénéfices apparents.	Pertes.
	fr.	fr.	fr.	fr.
1854.	1,736.55	1,414.15	322.40	»
1855.	684.00	612.50	71.50	»
1856.	1,171.55	1,896.80	»	725.25
1857.	808.10	1,230.20	»	422.10
1858.	867.80	671.80	196.00	»
1859.	717.00	434.25	282.75	»
1860.	643.20	496.55	146.65	»
1861.	336.95	284.95	52.00	»
1862.	1,390.15	2,444.36	»	1,054.21
1863.	1,006.85	1,394.00	»	387.15
Totaux.	9,362.15	10,879.56	1,071.30	2,588.71
Moy. annuelles . .	936.21	1,087.95	»	151.74

Mais nous devons répartir sur les prairies naturelles, proportionnellement à leur étendue, les frais généraux de direction et de rente du capital d'exploitation, et alors nous avons le tableau rectificatif suivant :

Années.	Frais généraux à ajouter.	Frais totaux.	Bénéfices réels.	Pertes.
	fr.	fr.	fr.	fr.
1854.	877.94	2,392.09	»	655.54
1855.	471.37	1,083.87	»	399.87
1856.	501.39	2,398.19	»	1,226.64
1857.	479.21	1,709.41	»	901.31
1858.	331.20	1,003.00	»	135.20
1859.	265.63	699.88	17.12	»
1860.	301.63	798.18	»	154.98
1861.	207.74	492.69	»	155.74
1862.	616.52	3,060.88	»	1,670.73
1863.	715.30	2,109.30	»	1,102.45
Frais totaux pour 10 ans.	»	15,747.49	»	»
Perte totale en 10 ans			6,385.84	

Si la perte est si considérable, on doit l'attribuer surtout à ce que l'on a détruit les anciennes prairies pour en faire de nouvelles; on ne capitalise pas à Masny ces frais de création, on les porte tout de suite en compte, de manière à les liquider dans l'année même.

En rapportant à l'hectare les résultats définitifs, on obtient le compte suivant pour les prairies naturelles :

Années.	Recettes par hectare.	Frais par hectare.	Bénéfices. par hectare.	Pertes par hectare.
	fr.	fr.	fr.	fr.
1854	274.33	377.89	»	103.56
1855	201.76	319.70	»	117.94
1856	316.09	707.43	»	391.34
1857	267.87	504.25	»	236.38
1858	255.98	295.87	»	40.89
1859	373.43	364.52	8.91	»
1860	387.08	415.71	»	28.63
1861	330.34	483.03	»	152.69
1862	297.18	874.54	»	577.36
1863	287.67	602.65	»	314.98
Moy. annuelles. .	299.17	494.55	»	»
Perte moyenne par hectare . . .			195.48	

Nous ne devons pas hésiter à dire que le système adopté par M. Fiévet pour l'évaluation des pâtures et la transformation du fourrage vert en foin sec laisse quelque chose à désirer, puisqu'il suppose d'une manière uniforme que chaque tête de gros bétail consomme en pâturant l'é-qui valent de 10 kilogr. de foin sec, quelle que soit la nature du fourrage, quel que soit aussi le poids des animaux. Mais comme ce système a été constamment employé, il permet en fin de compte des comparaisons entre les diverses années, s'il ne fournit pas des données d'une vérité absolue. C'est une question que nous aurons d'ailleurs à discuter, lorsque nous nous occuperons du bétail de Masny. Il suffit d'indiquer ici que les pertes accusées par le compte des prairies naturelles ne sont pas aussi considérables qu'elles le paraissent, outre que d'ailleurs les dépenses de création sont confondues dans le tableau avec les dépenses annuelles, ainsi qu'on le voit notamment par les détails relatifs aux deux années 1862 et 1863 que nous allons donner.

Le compte des dépenses de 1862, où il a été créé une prairie de 2 hectares 48 ares ajoutée à celle existante, et qui n'était que de 1 hectare 2 ares, est le suivant :

	Frais totaux pour 3 h. 50.	Frais par hectare.
	fr.	fr.
Journées d'ouvriers	134.80	38.52
68 journées de chevaux à 5 fr.	340.00	97.15
593 kilogr. de graines pour le gazonnement de 2 hectares 48.	493.70	141.05
Fumier, 90,000 kilogr. à 6 fr. les 1,000 kilogr.	540.00	154.28
Récolte : Journées d'ouvriers	175.95	50.25
13.5 journées de chevaux à 5 fr	67.50	19.28
Frais généraux (fermages, impôts, etc.)	692.41	197.83
Autres frais généraux (direction, rente du capital d'exploitation, etc.)	616.52	176.16
Totaux	3,060.88	874.54

Il est évident que, dans ces dépenses, la première partie, celle faite jusqu'à ce qui concerne la récolte, constitue une affaire de création et non pas une dépense annuelle, sauf à ajouter aux frais de récolte une certaine somme pour l'entretien.

Pour l'année 1863, nous trouvons le compte suivant :

	Frais totaux pour 3 h. 50. fr.	Frais par hectare. fr.
Journées d'ouvriers . , ...	175.30	50.10
7 journées de chevaux à 5 fr.	35.00	10.00
100 kilogr. de graines pour semis dans les parties mal venues.	120.00	34.30
Journées et charbon pour irrigation	130.30	37.25
Récolte : Journées d'ouvriers	65.90	18.85
15 journées de chevaux à 5 fr.	75.00	21.45
Frais généraux (fermages, impôts, etc.). . . .	792.58	226.57
Autres frais généraux (direction, rente du capital d'exploitation, etc.).	715.30	204.13
Totaux . . , . , ...	2,109.30	602.65

Si l'on réunit pour ces deux années : 1° les dépenses qui ont précédé la récolte pour la première et 2° celles qui ont précédé les irrigations pour la seconde, on a un total de 1,838 fr. 80 qui représente les dépenses de la création de 2 hectares 48 de prairies permanentes irriguées, soit 741 fr. 45 par hectare; ce chiffre ne s'éloigne pas de celui qu'exige partout la formation d'un hectare de prairie.

Si maintenant, on défalque cette dépense de création du total des dépenses des deux années ou de 5,170 fr. 18, il reste 3,331 fr. 38. C'est seulement la moitié de cette somme qu'on peut considérer comme dépense annuelle ; elle représente 475 fr. 91 par hectare. Pour que les frais fussent couverts, il faudrait en conséquence une récolte annuelle d'au moins 8,000 kilogr. de foin comptés à 60 fr. les 1,000 kilogr. On n'a obtenu à Masny jusqu'en 1863 que 5,000 à 6,000 kilogr. Avec les irrigations on devra certainement dépasser le rendement nécessaire pour couvrir les frais.

Toute cette discussion nous a paru nécessaire pour

montrer comment on doit s'y prendre pour peser toutes les circonstances qui influent sur les résultats d'une culture. Les comptabilités agricoles ne peuvent rendre des services que lorsqu'on discute leurs éléments avec la plus grande attention ; il faut en outre examiner avec maturité toutes les conséquences qu'elles mettent en évidence.

CHAPITRE XVI

CULTURE DES FÈVES DITES FÉVEROLES

M. Fiévet ne cultive à Masny les fèves dites féveroles que pour la nourriture des chevaux, et il leur donne une place de moins en moins importante; c'est sur les champs qui leur sont destinés qu'il se réserve de conduire ses fumiers en dernier lieu. Il lui paraît que cette culture est appelée à disparaître des terres fortement fumées et bien assainies, particulièrement dans les exploitations où des cultures industrielles d'une haute valeur, comme les betteraves et le lin, réclament avant tout les soins et les engrais. Néanmoins le mélange des féveroles avec l'avoine lui semble d'ailleurs devoir donner pour les chevaux une nourriture beaucoup meilleure que l'avoine seule. Malheureusement les pucerons attaquent fortement la fleur des fèves, surtout depuis les sécheresses de ces dernières années. Aussi la culture des féverolles est devenue très-chanceuse parce qu'elle demande d'abondantes pluies. On ne peut continuer à cultiver les féveroles avec succès que dans les systèmes de culture où on peut les semer de très-bonne heure et dans des terrains humides comme ceux de l'arrondissement d'Hazebrouck.

A la fin de mars ou au commencement d'avril, les champs destinés aux féveroles reçoivent un labour pour enterrer le fumier qui vient d'être répandu. En général, on fait venir, à Masny, les féveroles après des betteraves, ou bien on les met dans de nouvelles terres que l'on fait entrer dans l'exploitation.

Après le labour, on herse, puis on sillonne avec le binot qui est suivi du semeur. Le nouveau sillon recouvre la graine répandue dans le sillon précédent. Pour faciliter une sorte de ramage des féveroles, on sème un peu de vesce de printemps à la volée sur les sillons.

On sarcle ou on donne un binage à la main après la levée des féveroles et lorsque les herbes adventices apparaissent.

La récolte se fait vers la fin d'août, en employant la sape. On laisse sécher un peu en javelles pour donner de la roideur aux tiges; on lie ensuite les bottes composées de deux javelles, et on met ces bottes en chaînes en attendant que les attelages puissent en faire la rentrée.

Les féveroles sont, à Masny, conservées en meules d'où, au fur et à mesure des besoins, on les tire pour les faire entrer dans les compartiments des granges qui leur sont destinées, afin de faciliter les mélanges des nourritures. Les bottes sont hachées avec le hache-paille ordinaire. Selon qu'il y a plus ou moins grande abondance du grain par rapport à la paille dans les bottes, on en fait entrer du tiers au quart dans le hachis total destiné aux chevaux.

Cette culture a donné à Masny, pendant les onze dernières années, les résultats suivants :

Années de la récolte.	Nombre d'hectares en féverolcs.	Récolte totale.	Rendement par hectare.
		kilogr.	kilogr.
1853.	5.65	24,360	4,311
1854.	6.67	27,708	4,155
1855.	6.56	36,525	5,567
1856.	5.08	21,000	4,133
1857.	5.79	21,330	3,684
1858.	7.46	26,442	3,678
1859.	5.48	21,463	3,916
1860.	5.20	28,401	5,461
1861.	4.52	25,356	5,609
1862.	3.62	19,950	5,541
1863.	3.62	14,472	3,997
Totaux.	59.65	267,007	»
Rendement moyen général par hectare tant en paille qu'en graine.			4,550

Le rendement moyen des six premières années ci-dessus rapportées a été de 4,255 kilogr., et celui des cinq dernières de 4,905; il y a donc eu ici un accroissement de rendement comme pour toutes les autres récoltes de la ferme.

En relevant sur les livres les résultats de la comptabilité du compte *féverolcs,* nous avons trouvé les nombres suivants :

Années.	Recettes totales.	Frais portés en compte.	Bénéfices apparents.	Pertes.
	fr.	fr.	fr.	fr.
1853.......	1,461.60	3,397.42	»	1,935.82
1854.......	1,662.48	3,163.98	»	1,501.50
1855.......	2,191.50	1,939.60	251.90	»
1856.......	1,260.00	1,786.55	»	526.55
1857.......	1,279.80	2,660.45	»	1,380.65
1858.......	1,586.52	4,487.70	»	2,901.18
1859.......	1,287.78	3,239.77	»	1,951.99
1860.......	1,704.06	2,316.20	»	612.14
1861.......	1,521.36	3,731.40	»	2,230.04
1862.......	1,197.00	2,928.87	»	1,731.87
1863.......	868.32	2,730.05	»	1,861.73
Totaux....	16,020.42	32,381.99	251.90	16,633.47
Moy. annuelles..	1,456.40	2,945.63	»	1,489.23

Ces résultats ne sont pas brillants, et ils paraîtront bien plus mauvais encore lorsque nous aurons fait la rectification nécessaire pour faire supporter à la culture des féveroles la part des frais de direction et la rente du capital d'exploitation qui doit lui incomber proportionnellement à la surface qu'elle occupe. Cette rectification donne :

	Frais généraux à ajouter.	Frais totaux.	Bénéfices réels.	Pertes.
	fr.	fr.	fr.	fr.
1853........	1,022.93	4,420.35	»	2,958.75
1854........	888.98	4,052.96	»	2,390.48
1855........	912.17	2,851.77	»	660.27
1856........	751.33	2,537.88	»	1,277.88
1857........	818.47	3,478.92	»	2,199.12
1858........	728.77	5,216.47	»	3,629.95
1859........	758.27	3,998.04	»	2,710.26
1860........	816.92	3,133.12	»	1,429.06
1861........	639.58	4,370.98	»	2,849.62
1862........	637.70	3,566.57	»	2,369.57
1863........	739.93	3,469.98	»	2,601.66
Frais totaux pour 11 ans....		41,097.04	»	»
Perte totale en 11 ans...........			25,076.62	

8

En rapportant à l'hectare les recettes et les frais, on obtient les chiffres suivants :

Années.	Recettes par hectare.	Frais par hectare.	Bénéfices.	Pertes par hectare.
	fr.	fr.	fr.	fr.
1853...........	258.69	782.36	»	523.67
1854...........	249.24	607.64	»	358.40
1855...........	334.07	434.72	»	100.65
1856...........	248.02	499.58	»	251.56
1857...........	221.63	601.19	»	379.56
1858...........	212.67	699.25	»	486.58
1859...........	234.99	729.57	»	494.58
1860...........	327.70	602.52	»	274.82
1861...........	336.58	968.39	»	631.81
1862...........	330.66	985.24	»	654.58
1863...........	239.86	958.56	»	718.70
Moyennes par hectare.	272.19	688.96	»	416.77

Pour établir les recettes, M. Fiévet estime uniformément chaque année à 60 fr. les 1,000 kilogrammes de féveroles (paille comprise), exactement comme le foin. Il a pris ce parti, parce que, ne faisant jamais de battage, il ne peut évaluer à part le grain et la paille.

Mais les féveroles ne forment-elles pas dans leur ensemble, c'est-à-dire paille et grain non séparés, une nourriture d'une qualité supérieure à celle du foin et d'une valeur notamment plus grande. Il est facile de trouver une réponse nettement affirmative à cette question. En effet, dans les années ordinaires la paille des féveroles pèse à peu près le même poids que le grain; or, celui-ci a une valeur nutritive quatre fois plus grande que celle du bon foin; par conséquent estimer les 1,000 kilogr. des bottes non battues à 60 fr., le prix du foin, c'est évaluer le grain à moitié prix et en outre compter la paille pour rien. Or, d'après l'estimation de tous les agriculteurs, la paille de féveroles vaut celle des pois, qui a des qualités nutritives très-supérieures à celles de la paille de blé ou de la paille d'avoine. Ces pailles, dans tous les comptes de la ferme de Masny, sont estimées 36 fr.; il ne faudrait pas attribuer à la paille de féveroles une valeur moindre. D'après ces considérations, on devrait porter à 138 fr. la valeur des 1,000 kilogr. de bottes de féveroles non battues.

Si l'on tient compte des prix des marchés on arrive à des résultats analogues; car les 100 kilogr. de féveroles (grains) ne se sont pas vendus dans ces dernières années moins de 22 fr., ce qui fait pour les 500 kilogr. que nous comptons dans les 1,000 kilogr. de bottes, 110 fr. En ajoutant 18 fr. pour la paille, on trouve une valeur totale de 128 fr. Dans cette dernière hypothèse, les 267,000 kilogr. de bottes de féveroles récoltées en onze ans formeraient une recette totale de 34,176 fr. au lieu de 16,020 fr., somme seulement portée dans la comptabilité. La perte totale pour onze ans est alors de 6,921 fr., au lieu de 25,076 fr., et cela paraît bien plus conforme aux faits de la pratique. Notons encore que le plus souvent, surtout dans les bonnes terres bien semées, le poids du grain dépasse celui des fanes sèches, et alors la valeur de la récolte s'en trouve d'autant accrue.

M. Fiévet suppose, d'un autre côté, dans ses comptes, que les féveroles consomment la moitié du fumier donné aux champs sur lesquels on les sème; rien ne prouve qu'elles en absorbent une aussi forte proportion, car les betteraves qui leur succèdent ont une puissante végétation qui démontre qu'elles ont trouvé une terre très-éloignée d'être épuisée. On peut donc dire que, d'une part, la récolte est certainement estimée trop bas, et que, d'autre part, les frais de culture sont peut-être évalués trop haut, de telle sorte que les pertes accusées par la comptabilité de Masny sont ici plutôt apparentes que réelles.

Quoi qu'il en soit, en prenant dans les livres les détails des frais tels qu'ils s'y trouvent inscrits, on obtient les renseignements suivants qui présentent de l'intérêt.

Pour l'année 1862, les frais ont été :

	Frais totaux.	Frais par hectare.
	fr.	fr.
76 journées 1/2 de chevaux à 5 fr. par collier pour labour, conduite de fumier, etc. . .	382.50	105.66
La moitié de 380,000 kilog. de fumier à 6 fr. (2,280 fr.)	1,140.00	314.90
Semence. 1 hectolitre de vesce.	25.50	7.04
16 hectol. 25 de fèves.	339.60	93.82
Journées d'ouvriers.	20.05	5.55
Moisson. Journées d'ouvriers.	101.50	28.05
2,500 kilogr. de paille de seigle pour liens à 50 fr. les 1,000 kilogr.	125.00	34.52
16 journées de chevaux à 5 fr.	80.00	22.10
Frais généraux. Contributions, fermages, etc.	714.72	197.43
Autres frais généraux. Direction, rente du capital d'exploitation, etc.	637.70	176.16
Totaux pour $3^{h}.62$	3,566.57	985.24

Prix de revient des 1,000 kilogr. de bottes de féveroles non battues . . . . 177 fr. 80.

Pour l'année 1863, les frais ont été :

	Frais totaux. fr.	Frais par hectare. fr.
107 journées 1/2 de chevaux à 5 fr.	537.50	148.48
La moitié de 227,500 kil. de fumier à 6 fr. (1,365 fr.).	682.50	188.53
Semence. 1 hectol. 25 de vesce	28.30	7.81
18 hectol. 41 de fèves	340.40	94.04
Journées d'ouvriers	164.25	45.37
Moisson. Journées d'ouvriers.	91.05	25.15
560 kilogr. de paille de seigle pour liens à 50 fr. les 1,000 kilogr.	28.00	7.73
9 journées de chevaux à 5 fr	45.00	12.43
Frais généraux. Contributions, fermages, etc.	813.05	224.60
Autres frais généraux. Direction, rente du capital d'exploitation.	739.93	204.42
Totaux	3,469.98	958.56

Prix de revient de 1,000 kilogr. de bottes de féveroles non battues . . . . 239 fr. 82.

M. Fiévet se propose de ne plus cultiver les féveroles qu'en très-petite proportion en les mêlant à l'avoine semée tardivement et abondamment fumée, afin d'empêcher celle-ci de verser. Mais peut-être reviendra-t-il sur cette résolution, quand il aura examiné la discussion que nous venons de faire et qu'il aura pu la rapprocher des enseignements de sa pratique.

En terminant ce chapitre nous devons ajouter que les féveroles étant entièrement consommées dans la ferme, si l'on en augmente la valeur pour aligner les dépenses avec les recettes, on aboutit à accroître le prix de revient de la ration alimentaire du bétail. Les résultats définitifs des comptes de la ferme restent par conséquent les mêmes, quel que soit le parti auquel on s'arrête. Le grand intérêt de la question est seulement de savoir si les féveroles fournissent au bétail une nourriture qui permette de faire sur un hectare de terre le maximum de kilogrammes de viande.

CHAPITRE XVII

HIVERNAGES

Comme tous les agriculteurs du Nord, M. Fiévet appelle *hivernages* des récoltes d'un mélange de seigle et de vesces qu'il sème sans fumier dès les premiers jours d'octobre, généralement après le blé. Il laboure profondément aussitôt que possible après la moisson ; il fait, au besoin, passer le rouleau Crosskill, et donne un coup de herse pour laisser la terre en repos jusqu'au moment de semer. La semaille s'opère à la volée sur le guéret repoussé ; on enterre la semence par un coup du binot flamand.

On coupe cette récolte huit ou dix jours après les seigles ; on laisse sécher une couple de jours les javelles sur le sol pour donner de la roideur à la paille de vesce ; on lie et on met les bottes en chaînes jusqu'au moment de rentrer dans les granges.

Pour récolter la semence de vesce dont on aura besoin pour les semis de l'année suivante, on laisse une petite portion de cette culture attendre environ une quinzaine de jours de plus avant de couper. On bat tout de suite à la machine, après sa rentrée, cette partie de la récolte.

Voici les résultats que les fourrages dits hivernages ont donnés pendant les onze dernières années :

Années de la récolte.	Nombre d'hectares en hivernages.	Récolte totale.	Rendement par hectare.
		kilogr.	kilogr.
1853	3.50	28,944	8,269
1854	2.26	13,572	9,005
1855	4.07	30,656	7,532
1856	4.86	40,064	8,243
1857	2.60	10,080	3,876
1858	3.62	19,008	5,220
1859	5.14	47,852	9,309
1860	2.60	13,640	5,246
1861	5.65	44,287	7,838
1862	3.39	35,328	10,421
1863	1.58	10,944	6,926
Totaux.	39.27	294,375	»
Rendement moyen général par hectare.			7,171

Le rendement moyen des six premières années a été de 6,524 kilogr., et celui des cinq dernières de 7,948 kilogr. L'accroissement moyen de rendement annuel est de 1,424 kilogr., c'est-à-dire de plus du cinquième.

La paille du seigle atteint, chez M. Fiévet, nous l'avons déjà dit, une hauteur considérable; cette circonstance explique les bons résultats obtenus par son mélange avec les vesces.

La culture des hivernages est avantageuse. Néanmoins sa comptabilité accuse de légères pertes. Mais M. Fiévet n'estime ce produit qu'à la valeur du foin, 60 fr. les 1,000 kilogr.; et cette estimation est susceptible des mêmes critiques que nous avons faites à l'occasion des féveroles.

En relevant sur les livres les recettes et les dépenses du compte *hivernages*, nous avons trouvé :

Années.	Recettes totales.	Frais portés en compte.	Bénéfices apparents.	Pertes.
	fr.	fr.	fr.	fr.
1853.....	1,716.17	1,020.68	695.96	»
1854.....	814.32	629.82	184.50	»
1855.....	1,839.36	1,022.60	816.76	»
1856.....	2,403.84	1,367.05	1,036.79	»
1857.....	604.80	781.30	»	176.50
1858.....	1,140.48	788.15	352.33	»
1859.....	2,871.12	1,565.15	1,305.97	»
1860.....	818.40	877.60	»	59.20
1861.....	2,657.22	2,399.35	257.87	»
1862.....	2,119.68	1,220.90	898.78	»
1863.....	656.64	587.12	69.52	»
Totaux.....	17,642.50	12,259.72	»	»
Moy. annuell..	1,603.86	1,114.52	489.34	

Il faut rectifier ces résultats en tenant compte de la part proportionnelle des frais de direction et de rente du capital d'exploitation que doit supporter cette culture comme toutes les autres cultures de la ferme. Cette rectification donne le tableau suivant :

	Frais généraux à ajouter.	Frais totaux.	Bénéfices réels.	Pertes.
	fr.	fr.	fr.	fr.
1853	633.67	1,654.35	61.82	»
1854	801.21	931.03	»	116.71
A reporter		2,585.38	61.82	116.71

Années.	Frais généraux à ajouter.	Frais totaux.	Bénéfices réels.	Pert.
	fr.	fr.	fr.	fr.
Report. . .		2,585,38	61.82	116.71
1855	565.93	1,588.53	250.83	»
1856	718.79	2,085.84	318.00	»
1857	367.54	1,148.84	»	544.04
1858	353.64	1,141.79	»	1.31
1859	711.22	2,276,37	594.75	»
1860	408.46	1,286.06	»	467.66
1861	799.48	3,198.83	»	541.61
1862	597.18	1,818.08	301.60	»
1863	322.95	910.07	»	253.43
Frais totaux pour 11 ans. . .		18,039.79	»	»
Perte totale en 11 ans.			397.29	

En rapportant à l'hectare les recettes et les dépenses, on obtient :

Années.	Recettes par hectare.	Frais par hectare.	Bénéfices par hectare.	Pertes par hectare.
	fr.	fr.	fr.	fr.
1853.........	490.46	472.67	17.79	»
1854.........	360.31	411.96	»	51.65
1855.........	451.93	389.07	62.86	»
1856.........	494.61	429.18	65.43	»
1857.........	232.61	441.86	»	209.25
1858.........	315.04	315.41	»	0.37
1859.........	541.07	442.87	98.20	»
1860.........	313.23	494.64	»	181.41
1861.........	470.30	566.16	»	95.86
1862.........	624.97	536.30	98.67	»
1863.........	415.59	575.99	»	160.40
Moyennes par hectare.	449.26	459.38	»	»
Perte annuelle par hectare.			10.12	

Les frais de culture pour l'année 1862, où il y a eu un bénéfice, s'établissent ainsi qu'il suit :

	Frais totaux. fr.	Frais par hectare. fr.
30 journées de chevaux, à 5 fr. le collier.	150.00	44.26
Journées d'ouvriers	11.10	3.27
Semences. 7 hectol. 50 de seigle, à 15 fr. 50 l'hectol.	116.25	34.29
3 hect. 75 de vesce, à 20 fr. l'hectol.	75.00	22.13
Moisson. Journées d'ouvriers	106.00	31.27
18 journées 1/2 de chevaux à 5 fr. le collier . . .	92.50	27.28
Frais généraux. Contributions, fermages, etc. . . .	670.05	197.65
Autres frais généraux. Direction, rente du capital d'exploitation	597.18	176.15
Totaux	1,818.08	536.30
Prix de revient de 1,000 kilogr. d'hivernages		51.46

Pour l'année 1863, où il y a eu perte, les frais sont ainsi calculés :

	Frais totaux. fr.	Frais par hectare. fr.
12 journées de chevaux à 5 fr. le collier	60.00	37.97
Journées d'ouvriers.	1.60	1.02
Semences. 2 hectol. de seigle, à 13 fr. 50 l'hectol.	27.00	17.08
1 hectol. 50 de vesce à 20 fr. l'hectolitre. . . .	30.00	18.98
Moisson. Journées d'ouvriers	58.65	37.12
— 11 journées de chevaux à 5 fr.	55.00	34.82
Frais généraux. Contributions, fermages, etc . . .	354.87	224.60
Autres frais généraux. Direction, rente du capital d'exploitation, etc.	322.95	204.40
Totaux.	910.07	375.99
Prix de revient de 1,000 kilogr. d'hivernages. . .		81.72

Mais les graines de seigle et de vesce qui restent dans cette sorte de fourrage employé pour les chevaux immédiatement, sans avoir été battu et à l'état de simple hachis, ne lui donnent-elles pas une valeur nutritive supérieure à celle du foin ordinaire? Pour cette raison, ce produit n'est-il pas évalué trop bas à 60 fr. les 1,000 kilogr. Il est facile de répondre affirmativement. En effet dans le seigle, comme dans les vesces, les graines forment environ le tiers et la paille les deux tiers du poids total de la récolte. Le prix moyen du quintal de seigle a été de 18 fr. pour les onze années sur lesquelles porte notre étude. Le prix moyen des vesces a été à peu près le même. Par conséquent, pour 333 kilogr. d'un mélange de ces deux graines, on a déjà 60 fr. et il reste 666 kilogr. d'une paille qui vaut certainement autant que celle de l'avoine ou du blé; de telle sorte qu'en la comptant comme cette dernière à 36 fr. les 1,000 kilogr., on reste au-dessous de la vérité; les 666 kilogr. font 24 fr. On doit donc porter à 84 fr. au moins les 1,000 kilogr. du fourrage dit hivernage. Dans cette manière de voir, qui est conforme aux données de la pratique sur l'utilisation des fourrages et aux données de la science sur la composition chimique des matières nutritives, le produit total en argent est pour les onze années de 24,727 fr. au lieu de 17,642 fr. 50; alors au lieu d'une perte de 397 fr. 29, on trouve un bénéfice total de 6,697 fr. 21, ou de 170 fr. 54 par hectare.

Mais, d'un autre côté, cette récolte prend certainement au sol une partie de sa richesse en fumier. Or comme elle ne vient qu'en troisième année et que M. Fiévet ne répartit la consommation du fumier que sur deux ans, ainsi que nous l'avons déjà dit, il décharge d'autant le compte des hivernages. Mais de ce chef il faudrait seulement augmenter les frais de quelques centaines de francs; par conséquent l'usage des hivernages dans le nord se trouve complétement justifié par les bons résultats qu'il donne.

CHAPITRE XVIII

RÉSUMÉ DES CULTURES

Il est maintenant possible de se rendre un compte exact de l'ensemble des cultures de M. Fiével, tel qu'il ressort de ses livres, tenus par M. Verrier, et que nous venons de passer à un criblage certainement inattendu pour cet excellent comptable. Les rectifications que nous avons faites pour faire supporter à toutes les cultures, proportionnellement à leur étendue, une partie des frais généraux qui étaient seulement portés dans le compte des profits et pertes sans être répartis, ne sauraient rien enlever à l'approbation que mérite une œuvre qui laisse tout voir, tout juger. Une telle comptabilité est un œil constamment ouvert sur toutes les opérations d'une ferme.

En prenant la moyenne des onze années écoulées de 1853 à 1863, et en tenant compte des corrections indiquées aux pages 115 et 124 pour l'estimation des récoltes féveroles et hivernages, on peut établir ainsi qu'il suit et par an : d'une part, les rendements annuels par hectare; d'autre part, les frais et les dépenses de toutes les cultures dans leur ensemble; enfin, et, par suite, les bénéfices ou les pertes que donne chaque nature de récolte :

NATURE des récoltes.	Rendement moyen par hectare.	Frais totaux annuels.	Recettes totales annuelles.	Bénéfices totaux annuels.	Pertes totales annuelles.
	Hectol.	Fr.	Fr.	Fr.	Fr.
Blé (1853 à 1863)........	32.06	46,430.67	63,110.90	16,680.23	»
	Kilogr.				
Lin (1859 à 1863)........	5,600 (lin brut.)	11,553.82	16,072.68	4,518.86	»
Betteraves (1853 à 1863)..	46,379	57,555.34	63,413.50	5,858.16	»
	Hectol.				
Avoine (dº)........	60.96	7,851.02	8,045.21	194.19	»
Seigle (dº)........	25.93	1,235.82	2,537.86	1,302.04	»
	Kilogr.				
Prairies artificielles (1854 à 1863)............ ...	7,249	5,256.41	5,663.47	407.06	»
Prairies naturelles (1854 à 1863)................	4,859	1,340.68	936.21	»	404.47
Féveroles (1853 à 1863)...	4,550 (gr. et paille.)	3,736.09	3,106.90	»	629.19
Hivernages (dº)......	7,171 dº	1,639.98	2,247.90	607.92	»
Totaux......		136,590.83	165,134.63	[illegible]	[illegible]
Bénéfices totaux annuels des cultures d'après la moyenne des onze années.				28,534 fr.80	

Ainsi pour une dépense annuelle de 136,600 fr., M. Fiévet obtient, toutes corrections faites, un bénéfice de 28,534 fr. Le nombre moyen d'hectares de la ferme de Masny, pour la période des onze années que nous étudions, d'après les détails précédemment donnés (voir chap. VI, p. 35.), a été annuellement de 188 hectares 65;

par conséquent, le produit brut moyen de la culture proprement dite a été de 875 fr. 36 par hectare, et le produit net, tout frais de fermage, direction, rente du capital, etc., étant payés, de 151 fr. 26. Ce résultat est certainement des plus remarquables et il montre que l'agriculture bien dirigée peut conduire à une fortune honorable.

Ce calcul est donné en supposant la culture achetant ses engrais dans leur totalité, payant ses attelages et ses ouvriers; en un mot j'ai isolé le bétail, considéré comme une fabrique de viande et d'engrais annexée à l'exploitation de la terre et devant avoir ses comptes à part pour permettre d'apprécier la production végétale dans ce qu'elle a d'essentiel. C'est ainsi que les maîtres, M. de Gasparin à leur tête, ont toujours pensé que les choses devaient être envisagées, et je me range complétement à leur avis.

Mais, sauf des circonstances exceptionnelles, le cultivateur doit être lui-même le producteur de la plus grande partie des engrais qu'il emploie; dans ce but il faut qu'il se fasse producteur de viande.

J'ai terminé la revue des cultures proprement dites; je vais maintenant passer à l'autre partie du tableau, c'est-à-dire envisager le fermier de Masny aux prises avec les difficultés de l'entretien du bétail; je vais le considérer comme administrateur après l'avoir montré laboureur.

CHAPITRE XIX

INSTRUMENTS D'AGRICULTURE ET CHEPTEL INERTE

La première question qui se présente à notre étude est celle des moyens matériels d'action du fermier de Masny; nous verrons ensuite successivement tous ses agissements comme chef d'un établissement qu'on pourrait appeler une fabrique de viande.

Les instruments de labour et d'intérieur de ferme dont se sert M. Fiévet sont les suivants :

10 charrues brabants en fer à versoir ordinaire (75 à 90 fr.), selon le poids, exigeant 2 ou 3 chevaux suivant la profondeur du labour;
2 charrues brabants en fer à versoir allongé pour labours profonds (100 fr.), exigeant 3 chevaux;
5 fouilleuses Jacquet-Robillard (60 fr.), à 2 chevaux;
6 binots flamands (30 fr.), à 2 chevaux;
5 extirpateurs (200 fr.), à 3 chevaux;
12 herses triangulaires en bois (20 fr.);

2 herses triangulaires en fer (50 fr.);
4 herses dites à mille dents (20 fr.);
1 scarificateur-rayonneur (240 fr.), exigeant 3 chevaux;
8 houes à cheval en fer (35 fr.);
3 houes multiples (110 fr.);
2 rouleaux Crosskill (350 et 405 fr.);
2 rouleaux articulés en fer (392 fr.);
2 rouleaux en bois ordinaire (60 fr.);
1 charrue à butter (150 fr.);
1 moissonneuse (900 fr.), traînée par 2 chevaux;
1 râteau à cheval (300 fr.);
4 semoirs Penin pour betteraves (120 fr.);
1 semoir spécial pour céréales (250 fr.);
1 semoir de Smyth à 8 rangs avec avant-train, boîte spéciale pour la graine de trèfle, palettes pour la graine de lin, etc., (950 fr.);
1 houe à cheval de Priest et Woolwough, allant avec le semoir précédent (575 fr.);
4 arracheuses de betteraves (75 fr.).

Ce matériel a une valeur de 8,269 fr. Il faut y ajouter 14 chariots à 4 chevaux, 5 tombereaux et 1 tricycle, le tout d'une valeur estimée à 5,500 fr. dans l'inventaire. Le matériel d'extérieur de ferme a donc une valeur de 13, 769 fr.

Le grand nombre d'instruments de transport dont on vient de lire l'énumération ne sert pas d'ailleurs seulement pour la ferme; il est aussi employé pour la fabrique de sucre dont la grande importance pour la prospérité agricole du domaine a été signalée précédemment.

Parmi les instruments de labour, il y en a quatre qui méritent d'être décrits, parce qu'ils ne se rencontrent pas généralement dans les fermes du reste de la France; ce sont le binot flamand simple (fig. 2, 3 et 4), le binot flamand à avant-train (fig. 5, 6 et 7), la herse dite à mille dents (fig. 8 et 9), et enfin le semoir employé pour les céréales (fig. 10, 11, 12 et 13). Tous ces instruments ont été dessinés à l'échelle de $0^{m}.04$ par mètre dans les figures 11 à 13.

Fig. 2. — Élévation du binot flamand simple.

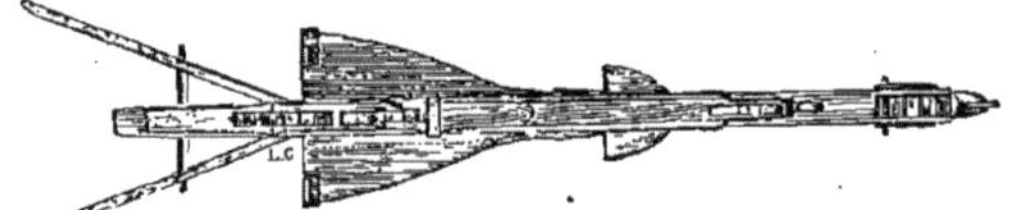

Fig. 3. — Plan du binot flamand simple.

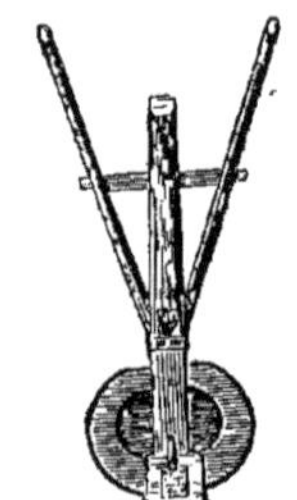

Fig. 4. — Profil du binot flamand simple.

Le binot flamand simple est en bois; la profondeur du labour est déterminée par un sabot (fig. 2), dont on règle la hauteur par une vis; il a un soc en fer de lance arrondi et un double versoir formant un cône complet légèrement

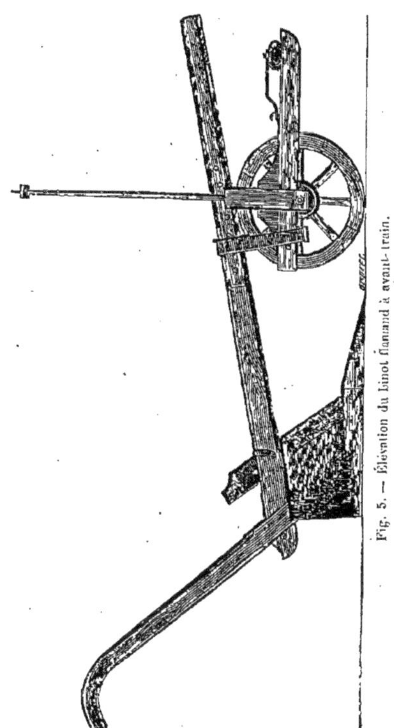

Fig. 5. — Élévation du binot flamand à avant-train.

aplati ou à base ovale; toutes les parties frottantes sont doublées de fer. Cet instrument est d'un prix remarquablement bas; il est construit dans la ferme même, qui présente, comme on l'a vu, un atelier de charronnage et un

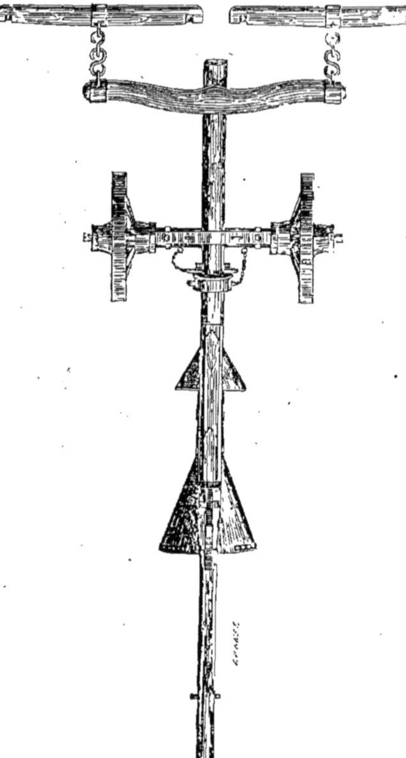

Fig. 6. — Plan du binot flamand à avant-train.

atelier de maréchalerie avec fonderie, ne laissant rien à désirer pour leur outillage.

Les valets de charrue préfèrent le plus souvent se servir du binot à avant-train, parce que ce dernier instrument n'occupe pas constamment leurs deux mains comme le premier. L'age, dans le binot à avant-train, fait, par rapport au sep, un angle aigu (fig. 5), de manière à venir s'appuyer plus ou moins près dans le collier de l'avant-train, ce qui règle l'entrure de la charrue ou la profondeur du labour. L'instrument a beaucoup de stabilité et laisse le charretier tout au soin de ses chevaux.

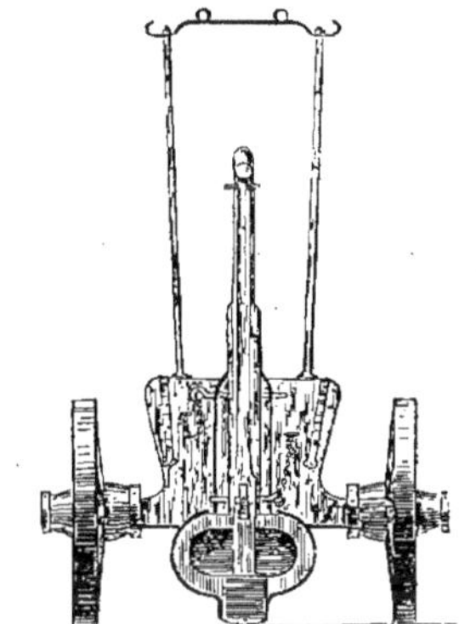

Fig. 7. — Profil du binot flamand à avant-train.

Les binots sont surtout employés chez M. Fiévet pour exécuter les travaux d'ameublissement du printemps, pour enterrer les semences et enfin pour ouvrir des rigoles d'irrigation.

Lorsque le fumier a été enterré tardivement, on se trouve surtout très-bien d'ouvrir le sol par un binot que l'on fait suivre d'une fouilleuse, chargée de déchirer l'engrais; on fait ensuite ce même travail dans un sens perpendiculaire ou en croix; le fumier se trouve ainsi très-convenablement divisé. Un tel travail donne de si bons résultats, qu'on l'exécute souvent sur des terres qui ont reçu leur fumure avant l'hiver.

On remarquera le grand nombre d'instruments destinés à travailler le sol avant les semailles : 14 charrues. 6 binots, 6 extirpateurs ou scarificateurs, 18 herses. Ce n'est pas un luxe particulier à la ferme de M. Fiévet. L'agriculture flamande doit en très-grande partie sa supériorité aux soins que les cultivateurs mettent à bien remuer le sol, à l'émietter, à le travailler en tous sens pour détruire les herbes adventices et pour bien incorporer les engrais avec la terre. Aussi après la charrue viennent maintes fois la herse et souvent le rouleau. M. Cordier, dans son ouvrage sur l'agriculture de la Flandre française, rapportait, il y a un demi-siècle, que les laboureurs de cette contrée avaient pour adage qu'il faut fatiguer la herse pour avoir une bonne récolte. Cela restera éternellement vrai. Il faut ajouter seulement que le progrès consiste à rendre bien meuble et bien homogène la couche de terre la plus épaisse que permet de travailler la constitution du sous-sol.

La herse dite à mille dents est regardée par M. Fiévet comme l'instrument le meilleur qu'on puisse employer pour préparer le sol qui doit recevoir les graines de lin ou les autres menues graines semées à la volée; on s'en sert aussi pour passer au printemps sur les blés qui ont été binés. Elle se compose (fig. 8) d'un cadre rectangulaire de 2m.35 de longueur sur 1m.34 de largeur, dans

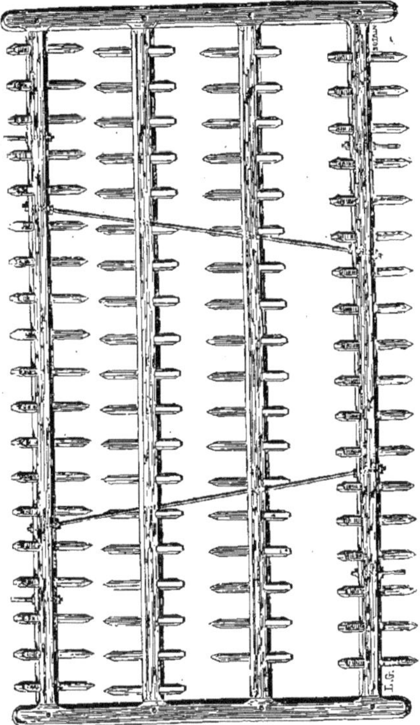

Fig. 8. — Vue en dessus de la herse à mille dents.

l'intérieur duquel il y a deux traverses parallèles aux grands côtés du rectangle. Dans les deux grands côtés, ainsi que dans les traverses, sont implantées des dents de bois, au nombre total de 74, lesquelles sont placées de manière à avoir chacune une direction distincte et à pouvoir décrire par conséquent des sillons distants d'axe à axe de $0^{m}.03$ seulement; les deux rangées extrêmes sont tournées dans le même sens et les deux rangées du milieu

Fig. 9. — Profil de la herse à mille dents.

dans le sens contraire, comme le montre la figure 9. Cet instrument qui, construit dans la ferme, ne coûte que 20 fr., est une des meilleures herses légères que nous ayons vues.

Les rouleaux ont toujours été nécessaires pour assurer l'émiettement des mottes dures et ensuite pour plomber la surface des terres qui ont été fortement remuées. Aussi les cultivateurs flamands fatiguent le rouleau aussi bien que la herse. Ils avaient depuis longtemps des rouleaux très-lourds qu'ils avaient faits de pièces articulées pour pouvoir les manœuvrer plus facilement; ils ont accepté avec empressement le rouleau brise-mottes de Crosskill, qui est plus énergique et atteint mieux les mottes.

Un autre progrès qui a été vite adopté dans la Flandre est celui de l'usage des semoirs et particulièrement des semoirs en lignes. Toutes les semailles se font par les machines à Masny, et les résultats obtenus démontrent victorieusement les avantages de cette méthode sur les semis exécutés manuellement.

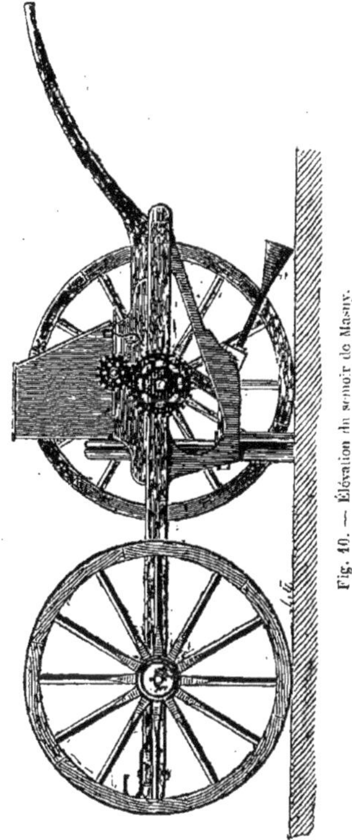

Fig. 10. — Élévation du semoir de Masny.

Le semoir pour les céréales imaginé par M. Fiévet est une combinaison de deux semoirs connus dans le Nord, celui construit par M. Pénin et celui de M. Prevost. Il est monté sur quatre roues. L'axe des roues postérieures porte une roue dentée qui commande un pignon (fig. 10)

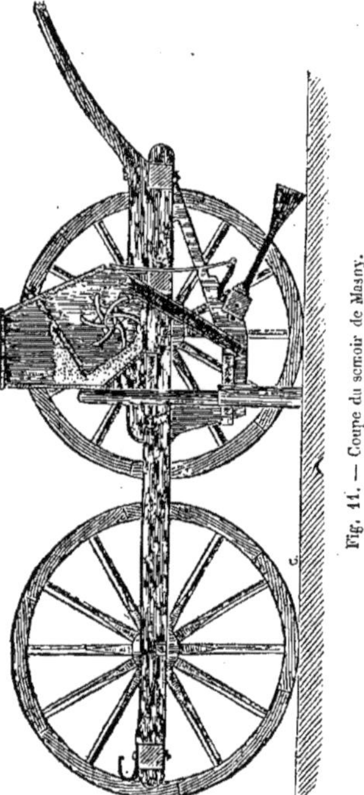

Fig. 11. — Coupe du semoir de Masny.

concentrique avec l'axe sur lequel sont montés des systèmes de six cuillers placées dans un même plan. Il y a sept systèmes de cuillers semblables qui, dans leur rotation, projettent la semence dans un tube incliné. On sème ainsi sept rangées à la fois. Des socs placés à l'avant dans une traverse (fig. 12) et formant une ligne sinueuse, ouvrent

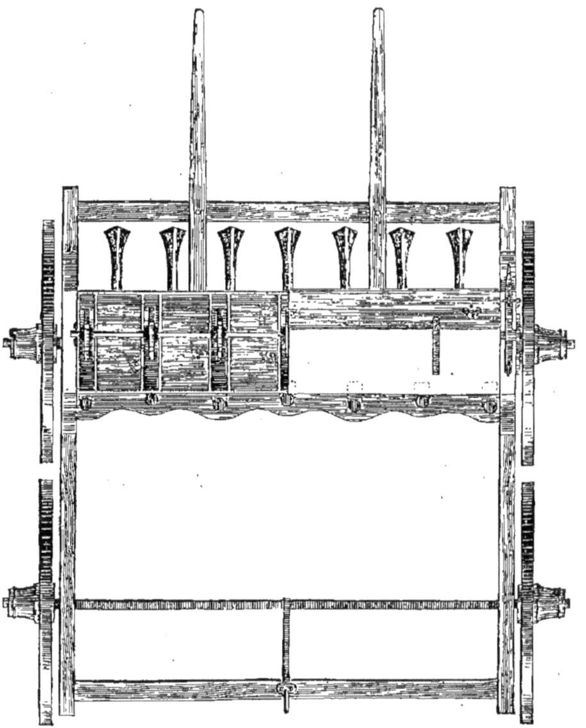

Fig. 12. — Plan du semoir de Masny.

les sillons où tombent les graines; des dents en pareil nombre (fig. 10, 11, 12 et 13), montées sur une traverse qu'on peut élever ou abaisser à volonté, recouvrent les semences.

Cet instrument ne laisse jamais de lacune dans les semis. Il sert à Masny pour l'ensemencement des blés et des avoines, qui sont toujours semés en ligne.

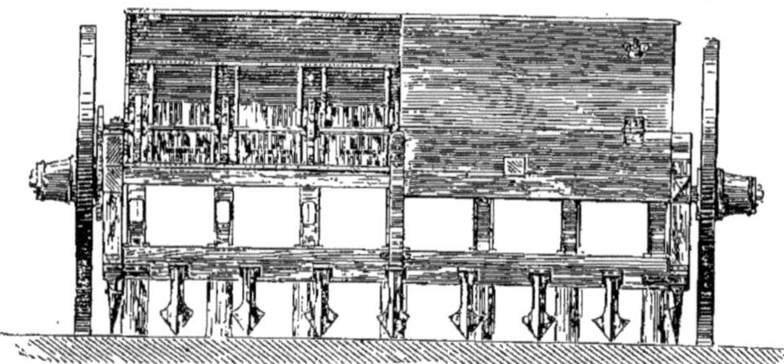

Fig. 13. — Vue de face et coupe transversale du semoir de Masny.

Malgré la satisfaction que lui donnait le semoir dont on vient de lire la description, M. Fiévet a acheté en 1865 le semoir anglais de Smyth (fig. 14), qui a l'avantage de pouvoir être employé pour répandre toutes les graines. La graine placée dans la caisse supérieure de l'instrument est projetée, au moyen d'une série de disques portant des cuillers, dans des conduites qui aboutissent à l'extrémité des socs rayonneurs. Tous ces disques sont fixés sur un axe horizontal qui reçoit un mouvement de rotation à l'aide d'un pignon et d'une roue dentée centrée sur l'essieu du semoir. Les socs rayonneurs sont boulonnés à l'extrémité de leviers en bois supportés par des chaînes enroulées autour d'un même cylindre. Une manivelle permet de faire tourner ce cylindre, et de

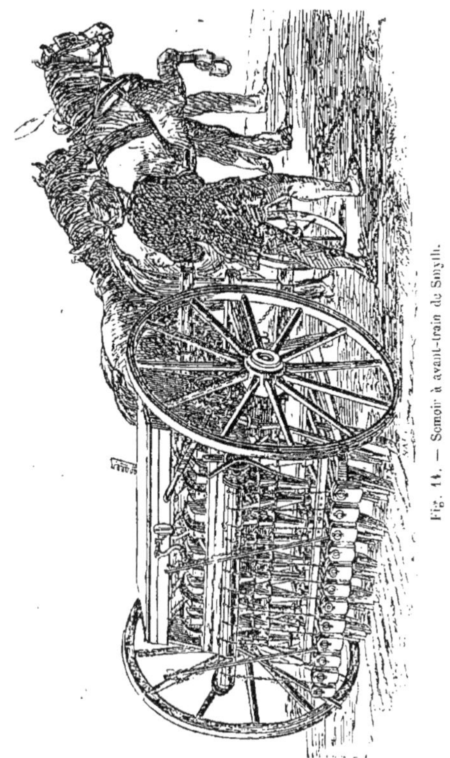

Fig. 14. — Semoir à avant-train de Smyth.

soulever le système des socs hors de terre quand on veut transporter l'instrument dans les champs. Des contre-poids sont adaptés aux socs pour les faire presser sur le sol; leur entrure est d'ailleurs réglée à volonté par une traverse horizontale sur laquelle viennent butter tous les leviers porteurs des contre-poids. Une tige en fer, placée à la droite de l'instrument, a pour but de permettre de désembrayer facilement le pignon, et partant, d'interrompre le débit de la semence. Une manivelle, placée à la partie supérieure de la caisse, donne le moyen d'incliner le coffre, de manière à bien semer dans les parties des champs en pente. Le semeur, placé derrière l'attelage, dirige d'ailleurs l'appareil de manière à ce que les lignes d'un tour de l'instrument soient bien parallèles et juxtaposées à celles du tour précédent. Avec cet instrument, on fait des semailles d'une grande perfection, et l'on peut, en outre, sarcler les lignes avec une houe à cheval multiple que M. Fiévet commence aussi à employer.

L'importance des semis en lignes est tellement sentie à Masny que si les travaux pressent et que les semoirs deviennent insuffisants, on a recours pour les blés à un rayonneur qui peut aussi servir comme extirpateur ou scarificateur. Ce scarificateur-rayonneur a été fabriqué par M. Wautier, constructeur à Lewarde, près de Douai, et coûte 240 fr. Il est tout en fer. Il se compose (fig. 15) de trois fortes barres AAA disposées en triangle équilatéral. Les deux barres qui forment les côtés du triangle peuvent tourner sur elles-mêmes dans les coussinets qui leur servent d'appui; on les manœuvre à l'aide de deux leviers à manchons BB, glissant dans des secteurs divisés CC où on les arrête par des goupilles. On peut aussi, lorsqu'on conduit l'instrument dans les champs,

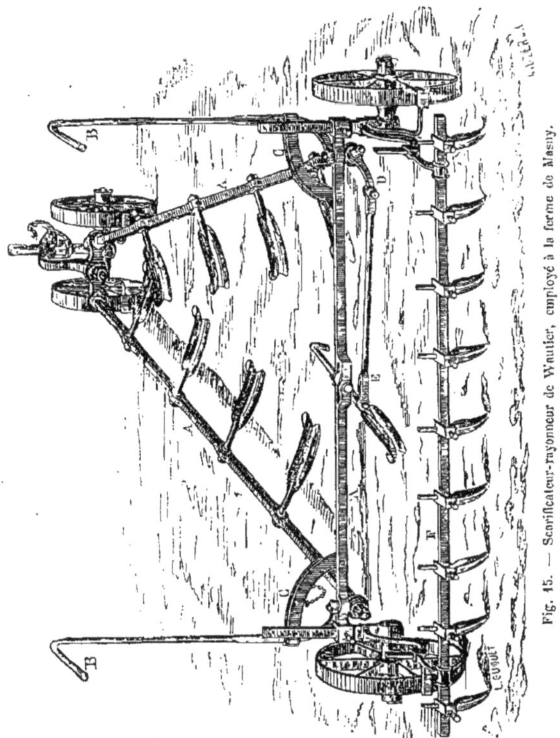

Fig. 15. — Scarificateur-rayonneur de Wautier, employé à la ferme de Masny.

relever les dents d'extirpateur ou de scarificateur fixées sur les deux barres A A, comme le montre la figure.

Lorsqu'on veut mettre l'instrument en action, il suffit de rapprocher l'un de l'autre les leviers B B et de les arrêter, en plaçant les goupilles dans les trous des secteurs C, dans la position voulue. Le mouvement de l'un des leviers B entraîne en même temps l'équerre D qui, par la bielle E, redresse ou incline la dent centrale placée au milieu de la barre formant la base du triangle qui constitue l'instrument en tant que scarificateur ou extirpateur. Cette dent centrale a pour but de travailler la terre dans l'intervalle laissé vide par les deux premières dents placées du côté de l'avant-train. En outre de ces mouvements de rotation des dents sous les barres où elles sont attachées, on peut abaisser encore l'appareil entier pour régler l'entrure dans le sol au moyen de tiges verticales qui passent dans des douilles aux extrémités de la barre formant la base du triangle, et qui portent des trous dans lesquels on peut fixer des vis. Ces tiges sont attachées sur les essieux des deux roues d'arrière, et par conséquent, en plaçant les vis à la hauteur voulue, on fait monter ou descendre les deux douilles qui terminent la base de l'extirpateur. On obtient également l'abaissement ou l'élévation du sommet du triangle porteur des dents au moyen d'une tige verticale attachée sur l'essieu des deux rouelles de l'avant-train. Enfin des crochets disposés à l'arrière de l'instrument servent à y fixer, lorsqu'on le désire, une barre F portant des dents spéciales destinées à former un rayonneur pour les semis de blés. Ces dents sont mobiles le long de la tige F et peuvent être arrêtées par des vis de pression de manière à donner tel écartement que l'on veut aux lignes des semis.

Les autres machines de la ferme, plus particulièrement destinées aux travaux intérieurs, consistent en une machine à vapeur locomobile pour les battages (3,000 fr.); une autre machine à vapeur de la force de 8 chevaux construite par Debièvre, de Lille (4,500 fr.), destinée aux pompes employées aux irrigations; une machine à vapeur fixe de 10 chevaux (3,000 fr., valeur d'inventaire); deux machines à battre locomobiles (système de Garrett et système de Barrett, Exall et Andrews, 5,000 fr.); un générateur pour la machine fixe (1,500 fr.); 4,450 capuchons pour couvrir les moyettes (4,450 fr.); un grenier conservateur (8,000 fr.); des pompes à eau, parmi lesquelles une pompe centrifuge de Gwynne, provenant des ateliers de MM. Neut et Dumont, constructeurs à Lille (750 fr. avec sa tuyauterie), pour l'irrigation; des bascules; des pompes à incendie, hache-paille, concasseur de tourteaux, moulin, aplatisseur d'avoine, bluterie du hache-paille, tuyauterie, instruments à main, transmission de mouvement, etc. (31,473 fr.).

La pompe de Gwynne (fig. 16) a cet avantage qu'elle fournit une grande quantité d'eau et qu'elle peut être transportée avec facilité sur chacun des forages faits par M. Fiévet en divers points de la ferme pour se procurer de l'eau d'irrigation. On conduit avec elle la locomobile de Debièvre, et, au moyen d'une consommation de 4 hectolitres de houille en douze heures, on irrigue à fond pendant ce temps un hectare environ. Cette pompe dite centrifuge se compose (fig. 16) d'une capacité cylindro-elliptique A, dans laquelle tournent très-rapidement des aubes C légèrement courbes qui, pendant leur rotation, aspirent l'eau dans le vide central par un tube inférieur, et la refoulent vers la circonférence dans un tube supérieur. L'axe de rotation des aubes est supporté, d'un côté, dans un renflement faisant corps avec la pompe elle-même

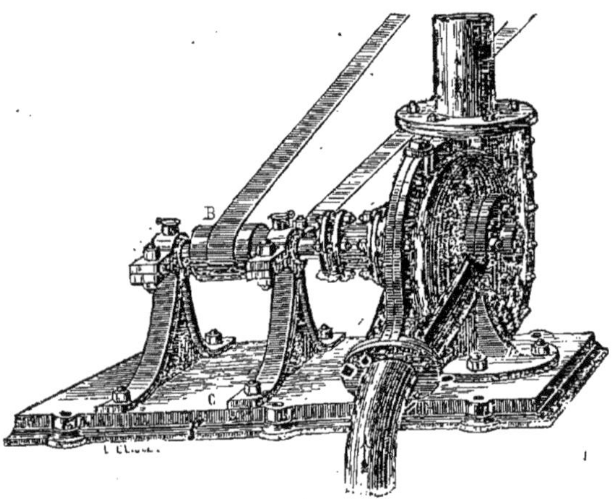

Fig. 16. — Pompe centrifuge de Gwynne, employée à Masny pour les irrigatio

à l'aide d'une bride et de boulons, et, de l'autre côté, par deux paliers entre lesquels est placée la poulie B, d'un très-petit diamètre, qui reçoit le mouvement de la locomobile à vapeur. La poulie placée sur l'arbre de cette dernière machine étant d'un grand diamètre, on conçoit la rapidité du mouvement de rotation des aubes. L'appareil est fixé sur une plaque de fondation C en fonte que l'on pose sur un bâti, au-dessus du forage d'où l'on veut tirer de l'eau.

L'épaisseur de la couche d'eau d'irrigation est à Masny d'environ 0m.10 en moyenne, ce qui correspond à 1,000 mètres cubes par hectare, et ce que la pompe de Gwynne y fournit à peu près en douze heures. Cette pompe, telle qu'elle y est établie, donne ainsi par heure 833 hectolitres d'eau élevée d'une hauteur moyenne de 7 mètres. L'effet utile est dans ces conditions d'environ 33 p. 100 du travail dépensé.

L'ensemble du cheptel mort s'élevait, en 1865, sur la ferme de Masny, tant pour les travaux d'intérieur que pour ceux d'extérieur de ferme, à 76,000 fr. pour 232 hectares, soit à 338 fr. par hectare. Les avances aux terres emblavées et les récoltes en magasin ont formé chaque année, d'après les inventaires, un total qui de 1853 à 1863 a varié de 150,000 à 300,000 fr. environ. Le capital du fermier pour son cheptel mort, ses cultures et ses engrais a été en moyenne de 200,000 fr. pendant cette période. On peut évaluer en outre à 130,000 fr. la valeur des bâtiments de la ferme; ce chiffre entre d'ordinaire dans le capital foncier des fermes, les bâtiments appartenant généralement aux propriétaires du sol arable; il n'en est pas de même à Masny où le fermier d'une grande partie des terres possède des bâtiments grandioses dont on trouverait difficilement les semblables non-seulement en France, mais encore à l'étranger.

CHAPITRE XX

CONSOMMATION DU FER

Nous avons voulu nous rendre compte de la quantité de fer qui est annuellement consommée dans la ferme de Masny ; nous avons trouvé dans la comptabilité les dépenses suivantes pour cet objet :

Années.	Fr.
1853.	722.09
1854.	1,664.20
1855.	816.80
1856.	930.14
1857.	1,853.10
1858.	1,226.55
1859.	2,794.89
1860.	2,437.05
1861.	1,589.90
1862.	1,752.09
1863.	742.28
Moyenne annuelle	1,502.64

Le détail de la consommation en fer pour l'année 1862 a été le suivant :

	kilogr.	fr.
Fer rond	427.10	137.20
— plat	2,774.40	765.99
— carré.	147.60	76.48
— façonné	269.55	220.54
Fonte pour boîtes de roues . . .	157.20	55.01
Clous à ferrer.	133.20	146.95
Outils divers (89).	33.80	101.45
Objets divers.	10.24	25.60
Acier.	12.70	22.86
Totaux.	3,965.79	1,752.09

Soit 20 kilogr. 56 de fer par hectare, à 0 fr. 44 le kilogramme.

Pour l'année 1863, nous avons trouvé :

	kilogr.	fr.
Fer rond	112.50	85.63
— plat.	1,252.40	413.05
— carré.	84.50	38.97
— façonné.	99.00	79.72
Fonte pour boîtes de roues. . .	66.70	23.35
Clous à ferrer.	32.15	57.36
Outils divers (72).	31.40	94.20
Totaux	1,678.65	742.28

Soit 8 kilogr. 67 par hectare, également à 0 fr. 44 le kilogramme.

Comme la dépense totale en fers de toute nature a été, pour une période de onze ans (1853 à 1863) de 16,529 fr. 04, on conclut en divisant cette somme par le nombre total des hectares cultivés pendant ce temps (soit 2,095 hectares 39, voir page 35), que la consommation annuelle de fer n'exige pas à Masny une dépense de moins de 7 fr. 89 par hectare en moyenne. Au taux de 0 fr. 44 le kilogramme, cette dépense correspond à une quantité de fer de 17 kilogr. 93. Il est bien entendu que dans ces comptes il n'entre aucune quantité de fer consommée par la sucrerie, sauf le fer usé par des transports sur une route pavée. Cette estimation n'a rien d'exagéré dans les conditions où se trouve la ferme de Masny.

Étudiant en 1855 cette question de la consommation du fer par l'agriculture (*Journal d'agriculture pratique*, 4e série, tome III, page 249), nous avons constaté que la quantité de fer usée par chaque hectare cultivé s'accroissait en même temps qu'augmentait le rendement en céréales et au fur et à mesure que la ferme produisait plus de racines. Ainsi tandis que des terres du centre de la France, donnant de 12 à 15 hectolitres de blé à l'hectare, ne demandaient que 2 kilogr. de fer par hectare, les fermes de la Beauce produisant le double en employaient 4 à 5 kilogr.; d'un autre côté, M. Demesmay accusait à Templeuve, près Pont-à-Marcq (Nord), la consommation de 7 kilogr. 50; la ferme de Grignon, celle de 11 kilogr. 80, et M. Dailly, pour sa ferme de Trappes (Seine-et-Oise), celle de 20 kilogr. 66.

Le fer brut employé à Masny est travaillé dans les ateliers de la ferme pour être appliqué aux divers usages qui le consomment; il prend ainsi une plus-value qui augmente d'autant la dépense pour chaque hectare. A Masny, le prix du kilogramme de fer travaillé revient à environ 1 fr., de sorte que la dépense réelle est de 18 à 20 fr. par hectare. En général on dépense 0 fr. 50 en fer travaillé pour chaque hectolitre de blé produit.

CHAPITRE XXI

LES CHEVAUX AU POINT DE VUE DU TRAVAIL ET DE LA PRODUCTION DU FUMIER.

Nous avons dit précédemment (chap. V, p. 26) que les travaux de la ferme et les transports de la sucrerie s'effectuent à Masny au moyen de 37 chevaux, dont 20 appartiennent à M. Fiévet et 17 à l'État. Ces derniers proviennent d'un régiment d'artillerie; ils ont été confiés en 1860 à la ferme de Masny après la campagne d'Italie, à charge d'entretien. Les autres chevaux sont de gros trait, d'origine belge généralement. M. Fiévet achète ses nouveaux chevaux à l'âge de 5 ou 6 ans, lorsqu'ils ont acquis toute leur force, sans chercher à faire des appareillages toujours très-coûteux. Grâce à une bonne alimentation et à une hygiène bien entendue, il les conserve très-longtemps, malgré les rudes travaux auxquels il les soumet. Pour le constater, j'ai relevé les achats et les ventes de chevaux pendant les onze années sur lesquelles porte cette étude. J'ai trouvé :

Années.	Chevaux existants.	Chevaux achetés.	Prix total d'achat. fr.	Chev. vendus.	Chev. morts.	Prix de vente. fr.
1853.	27	3	1,521.50	1	1	350.00
1854.	29	0	»	2	0	450.00
1855.	28	0	»	0	0	»
1856.	30	3	2,028.50	1	0	250.00
1857.	32	6	3,980.00	5	1	183.00
1858.	30	2	1,140.00	0	1	»
1859.	31	1	727.00	4	0	750.00
1860.	42	0	»	0	1	25.00
1861.	40	13	8,524.00	12	0	2,311.00
1862.	37	2	1,326.50	6	0	2,285.00
1863.	37	4	2,485.00	3	0	725.00
Totaux. . . .	363	34	21,732.50	34	4	7,579.00
				38		
Chevaux de l'État.	64					
Chevaux appartenant à la ferme.	299					

Ainsi, en onze ans, il a été acheté 34 chevaux, et il en a été vendu ou il en est mort 38. La mortalité a été très-faible, puisque l'effectif des morts ne s'élève qu'à 4.

Le prix moyen d'achat a été de de 639 fr. 20. La différence entre le prix total d'achat et le prix total des ventes a été de 14,153 fr. 50, somme qui représente l'amortissement que subit en onze ans une écurie contenant en moyenne 27 chevaux par an (les chevaux de l'État déduits). On trouve ainsi par an et par tête de cheval une diminution de valeur de 47f.65 seulement. Un cheval, chez M. Fiévet, dure par conséquent onze ans. On verra tout à l'heure quelle quantité de travail il fournit.

Les chevaux de l'État sont entrés en 1860 au nombre de 17; en 1865, il en a été retiré 4, à cause de la reprise de la guerre en Afrique, à la suite du soulèvement des populations arabes.

A la fin de 1861, il a été fait un achat de 13 chevaux et une vente de 12 chevaux, qui s'expliquent par le désir de M. Fiévet d'avoir une écurie mieux montée à l'occasion du Concours pour la Prime d'honneur. L'influence de ce Concours s'est fait sentir également dans toutes les dépenses de la ferme. C'est un fait à constater sans qu'il doive en ressortir aucun blâme. Bien loin de là, on ne doit que fortement approuver un pareil résultat. L'institution des concours des primes d'honneur a eu pour but d'exciter fortement les améliorations. Les comptabilités agricoles bien tenues doivent en garder la trace.

Le compte de l'écurie des chevaux s'est soldé pendant les onze dernières années ainsi qu'on va le voir. Les chevaux de luxe ne figurent pour rien dans tous les relevés; les courses que fait M. Fiévet pour les besoins de la ferme restent même en dehors; leur coût est supporté par les dépenses particulières et personnelles de la direction. Voici les recettes et les dépenses du compte *chevaux de la ferme*, tel qu'il est porté sur les livres de Masny :

Années.	Recettes.	Dépenses.	Bénéfices.	Pertes.
	fr.	fr.	fr.	fr.
1853.	29,287.95	29,304.52	»	16.57
1854.	32,557.29	31,089.75	1,457.54	»
1855.	30,739.80	27,973.57	2,766.23	»
1856.	51,300.39	45,182.90	6,117.49	»
1857.	59,269.85	50,979.95	8,189.90	»
1858.	44,325.82	41,462.40	2,863.42	»
A reporter	247,481.10	225,993.09	21,394.58	16.57

Années.	Recettes. fr.	Dépenses. fr.	Bénéfices. fr.	Pertes. fr.
Report.	247,481.10	225,993.09	21,394.58	16.57
1859.	54,954.88	49,594.37	5,360.51	»
1860.	55,191.50	52,159.98	3,031.52	»
1861.	58,434.97	58,196.21	238.76	»
1862.	52,692.77	44,596.74	8,096.03	»
1863.	51,814.00	46,825.74	4,988.26	»
Totaux.	520,469.22	477,366.13	43,119.66	16.57
	Bénéfice total en onze ans. .		43,103.09	

De ce tableau, qui correspond aux recettes et aux dépenses d'un total de 363 chevaux travaillant chacun durant un an, on conclut qu'un cheval a produit annuellement à Masny, tant en travail qu'en fumier, pour une somme de 1,433 fr. 80, et a coûté 1,315 fr. 06, en donnant un bénéfice de 118 fr. 74, la diminution de valeur de chaque animal par usure étant d'ailleurs déduite. Le prix total de la nourriture, de l'entretien et de l'amortissement du cheval serait donc de 3 fr. 60 par jour, et le produit s'élèverait à 3 fr. 93, avec un gain de 0 fr. 33 par jour pour une moyenne de onze années.

Il y a lieu seulement de remarquer que l'atelier de maréchalerie et de charronnage ne pourvoit pas seulement à l'entretien proprement dit des chevaux et de leur matériel d'écurie, mais encore à celui de chariots et de tous les instruments aratoires, ce qui augmente un peu le chapitre des dépenses et aussi parfois celui des recettes. Nous croyons, quant à nous, qu'il serait préférable d'avoir un compte particulier ouvert aux ateliers de fabrication et d'entretien.

D'après les observations que nous avons faites en exposant, dans les chapitres XVI et XVII (p. 115 et 124), les résultats de la culture des féveroles et des fourrages dits hivernages, il est nécessaire de remarquer encore que les dépenses de la nourriture sont ici portées à un taux trop bas. Au lieu de 60 fr. les 1,000 kilogrammes, les féveroles, avons-nous dit, doivent être évaluées à 128 fr., et les hivernages à 84 fr. Autrement on se fait une double illusion consistant à regarder d'une part comme trop peu profitables deux cultures qui ne méritent pas les reproches inspirés par une erreur de comptabilité, et d'autre part, comme moins coûteux qu'il ne l'est en réalité l'entretien d'une écurie.

Comme les chevaux consomment entièrement les féveroles et les hivernages, il faut augmenter leur compte *dépenses* des excédants qui résultent de ces erreurs d'évaluations. L'excédant total, pour la période de onze années que nous étudions, est de 18,156 fr. 47 pour les féveroles, et de 7,084 fr. 50 pour les hivernages, soit ensemble de 25,240 fr. 97. En conséquence, il faut rectifier ainsi qu'il suit les résultats qu'on vient de donner :

Recettes totales de l'écurie en onze ans.	520,469.22
Dépenses.	502,607.10
Bénéfice.	17,862.12

Le bénéfice annuel moyen produit par chaque cheval n'est plus que de 49 fr. 21 au lieu de 118 fr. 74. Le prix total de la nourriture, de l'entretien et de l'amortissement du cheval devient 3 fr. 79 par jour, et le gain quotidien, sur une période de onze années, se réduit à 0 fr. 14.

Il s'agit maintenant de voir les détails de toutes les dépenses et de tous les produits.

Pour résoudre cette question, nous avons relevé

mois par mois les trois exercices de 1861 à 1864.

Voici d'abord, pour l'exercice 1861-1862, les quantités de matières consommées par les 42 chevaux existant alors :

Mois de 1861-1862.	Avoine. kil.	Paille. kil.	Foin. kil.	Féveroles et hivernages. kil.	Seigle, son, orge. kil.
Août.	5,115	5,580	5,053	10,106	1,238
Septembre. . .	5,220	4,860	4,380	8,640	2,664
Octobre. . . .	6,180	3,720	4,526	8,948	2,484
Novembre . . .	7,830	5,400	10,359	1,053	»
Décembre . . .	8,742	5,580	8,263	3,627	»
Janvier	5,704	5,208	5,084	5,985	»
Février	3,930	5,040	6,372	3,276	567
Mars.	6,536	5,631	7,812	3,100	5,004
Avril.	5,850	5,400	5,040	5,040	2,550
Mai	4,371	5,580	5,518	6,355	2,511
Juin	5,318	5,400	6,831	4,956	2,215
Juillet	4,572	5,580	4,077	7,113	1,575
Totaux	69,318	62,979	73,315	68,197	20,808

Les valeurs de cette nourriture s'établissent de la manière suivante, en comptant les grains au prix du marché, la paille à 36 fr. les 1,000 kilogr., le foin à 60 fr., et les féveroles et hivernages à 106 fr., moyenne des prix de 128 fr. et de 84 fr. précédemment démontrés :

Mois de 1861-1862.	Avoine. fr.	Paille. fr.	Foin. fr.	Féveroles et hivernages. fr.	Seigle, son, orge. fr.
Août . . .	1,062.90	200.90	303.20	1,071.24	258.00
Septembre .	1,004.85	174.95	262.80	915.84	518.00
Octobre . .	1,194.85	133.90	271.55	948.49	534.75
Novembre .	1,566.00	194.40	621.55	111.62	»
Décembre .	1,770.25	200.90	495.80	384.46	»
Janvier . .	1,112.30	187.50	305.05	634.20	»
Février . .	747.85	181.45	382.30	347.26	533.80
Mars . . .	1,241.85	202.70	468.70	328.60	534.65
Avril . . .	1,096.85	194.40	302.40	534.24	530.65
Mai . . .	874.20	200.90	331.10	673.63	524.30
Juin . . .	1,329.50	194.40	409.85	525.34	478.15
Juillet . .	1,143.00	200.90	244.60	753.98	326.95
Totaux . .	14,144.40	2,267.30	4,398.90	7,228.90	4,378.15

En totalisant maintenant et en ajoutant les dépenses diverses qui comprennent les chevaux achetés, les gages des domestiques, du maréchal et du charron; les journées des aides-charretiers, les achats de bois et de fer, etc., pour les réparations des véhicules et des harnais, on obtient :

Mois de 1861-1862.	Frais de nourriture.	Dépenses diverses.	Dépenses totales.	Journées effectives de présence.
	fr.	fr.	fr.	
Août	2,896.24	1,263.85	4,160.09	1,240
Septembre	2,894.44	1,594.45	4,488.89	1,205
Octobre	3,083.54	3,127.80	6,211.34	1,258
Novembre	2,493.57	1,768.65	3,762.22	1,384
Décembre	2,851.41	5,973.45	8,824.96	1,351
Janvier	2,239.05	1,462.90	3,701.95	1,367
Février	2,292.16	4,380.90	6,673.06	1,204
Mars	2,776.50	1,132.45	3,908.95	1,307
Avril	2,658.54	3,465.90	6,124.44	1,290
Mai	2,604.13	1,119.10	3,723.23	1,302
Juin	2,937.24	966.65	3,903.89	1,246
Juillet	2,669.43	2,698.91	5,368.34	1,271
Totaux	32,378.25	28,955.01	61,333.26	15,426
A déduire pour achat de 13 chevaux			8,524.00	
Reste pour les dépenses d'entretien et de nourriture de l'année.			52,809.26	

De là il résulte que la dépense de nourriture pour chaque journée de présence a été de 32,378 fr. 25 divisés par 15,426, ou de 2 fr. 10. La dépense totale pour nourriture et entretien, tant du cheval que du matériel qu'il traîne après lui, a été de 52,809 fr. 26 divisés par 15,426, ou de 3 fr. 43.

Nous avons déduit l'achat des chevaux, parce qu'il a été cette année exceptionnel, et qu'il portait, à cause du Concours pour la Prime d'honneur, sur un nombre très-considérable.

M. Fiévet donne à ses chevaux trois repas par jour, le matin, à midi et le soir; on met la litière le matin après le départ des chevaux pour le travail.

La ration de chaque repas se compose ordinairement, pour un attelage de quatre chevaux forts, d'un mélange de 10 kilogrammes d'avoine aplatie ou de seigle ou orge grossièrement moulus, et de 12 kilogrammes de fourrage haché, ce dernier fourrage étant composé de foin, d'hivernages et de féveroles. La même ration est donnée pour un attelage de cinq chevaux légers. Au mois de juin, on donne aux chevaux du trèfle vert, qui, dans les tableaux précédents, a été évalué en foin sec.

Nous avons dit précédemment (chapitre V, p. 26) comment sont disposées les écuries pour la distribution de la nourriture et de la boisson. La machine à vapeur de la machinerie fait mouvoir le hache-paille du foin, des féveroles et des hivernages, l'aplatisseur d'avoine et le moulin pour l'orge et le seigle. Le hache-paille coupe en une journée la quantité de fourrage nécessaire à deux semaines à peu près.

L'avoine aplatie, l'orge et le seigle moulus sont remisés dans les greniers de l'écurie à leur sortie des instruments qui les ont préparés. Le fourrage haché y est transporté au fur et à mesure des besoins. C'est là qu'on y fait les mélanges pour deux repas à la fois. Les rations sont ensuite jaugées, puis distribuées dans des trémies qui sont en saillie sur l'aire du grenier, au-dessus des mangeoires des chevaux, d'où elles descendent par des conduits clos à leur partie inférieure au moyen de trappes en fonte qu'on peut ouvrir et fermer à volonté.

Les produits de l'écurie des chevaux sont évidemment le travail et le fumier.

La ferme et la sucrerie payent chaque journée de travail 5 fr. par tête de cheval, le conducteur compris. C'est un chiffre rémunérateur, puisque l'on a vu que le compte *écurie* se solde généralement en bénéfice, et que cependant il est chargé de l'entretien de tout le matériel roulant.

Le produit en fumier est estimé valoir 0 fr. 16 par jour et par tête de cheval. Ce chiffre a été adopté par M. Fiévet, d'après la comparaison qu'il a faite avec le fumier de cavalerie qui, pris à Douai, à 8 kilomètres de Masny, se paye environ 0 fr. 11 ; celui-ci se trouve moins abondant par tête de cheval que le fumier produit à la ferme, à cause de l'économie qui préside dans l'écurie régimentaire à la répartition de la litière et à celle de la nourriture donnée aux chevaux.

M. Fiévet ne pense pas que son estimation soit exagérée, quoique les chevaux de sa ferme restent bien moins longtemps à l'écurie que les chevaux de cavalerie.

Pour l'année 1861-1862, les produits de l'écurie, en journées de travail et en fumier, ont été :

Mois.	TRAVAIL.		FUMIER.	
	Journées.	Valeur.	Journées.	Valeur.
		fr.		fr.
Août	991.50	4,957.50	1,240	198.40
Septembre	982.25	4,911.25	1,206	192.95
Octobre	1,018.00	5,090.00	1,258	201.30
Novembre	1,023.00	5,115.00	1,384	221.45
Décembre	853.00	4,265.00	1,351	216.15
Janvier	682.00	3,410.00	1,367	218.70
Février	743.00	3,715.00	1,204	152.65
Mars	955.00	4,775.00	1,307	209.10
Avril	889.00	4,445.00	1,290	206.40
Mai	488.00	2,440.00	1,302	208.30
Juin	445.50	2,227.50	1,246	199.35
Juillet	653.80	3,265.00	1,271	203.35
Totaux.		48,616.25		2,468.18
Valeur totale du travail et du fumier.		51,084f.35		
Excédant la plus-value provenant de l'achat de nouveaux chevaux et de l'augmentation de matériel		7,350.62		
Total général		58,434f.97		

Beaucoup d'agronomes, et notamment notre collègue de la Société centrale d'agriculture, M. Dailly, estiment que le fumier de cheval doit être évalué dans les comptabilités agricoles au prix de la paille consommée. Dans les tableaux précédents, pour l'année 1861-1862, le fumier est calculé valoir 2,438 fr. 18, c'est-à-dire un peu plus que la paille employée (2,267 fr. 30) ; c'est le contraire qui va résulter des comptes de l'année 1862-1863.

Voici d'abord pour ce nouvel exercice les quantités de produits consommés par les 37 chevaux existant sur la ferme :

Mois de 1862-1863.	Avoine.	Paille.	Foin.	Févcrolles et hivernages.	Seigle, son, orge.
	kil.	kil.	kil.	kil.	kil.
Août.	3,434	5,726	5,065	4,941	4,857
Septembre	4,880	6,290	4,890	3,690	3,168
Octobre.	4,526	5,983	5,023	3,813	2,952
Novembre.	5,160	5,900	4,590	5,580	2,880
Décembre.	4,805	6,266	3,472	4,867	2,790
Janvier	4,742	6,266	3,404	4,739	2,794
Février	3,360	5,500	3,360	4,704	6,676
Mars	4,464	6,080	3,720	5,208	3,600
Avril	4,800	5,900	4,176	5,184	503
Mai.	7,176	6,080	5,768	6,138	36
Juin	6,810	5,900	4,160	2,236	72
Juillet	6,200	6,080	2,976	5,208	602
Totaux. . . .	59,857	71,121	48,696	56,308	30,930

Aux mois d'avril et de mai, il a été consommé du seigle vert qui a été transformé par le calcul en foin sec, et au mois de juin du trèfle vert qui a été calculé de même.

Les valeurs de cette nourriture, en calculant d'après les bases précédemment indiquées (p. 156), s'établissent de la manière suivante :

Mois de 1862-1863.	Avoine.	Paille.	Foin.	Févcrolles et hivernages.	Seigle, son, orge.
	fr.	fr.	fr.	fr.	fr.
Août.	686.80	206.50	300.30	523.75	867.35
Septembre	876.00	226.45	293.40	391.14	518.35
Octobre	821.45	215.40	301.40	404.18	530.15
Novembre	928.80	180.00	275.50	591.48	504.00
Décembre	864.90	225.55	208.30	515.90	546.85
Janvier.	854.82	225.58	204.24	502.33	553.43
Février.	604.80	199.45	201.60	498.62	479.55
Mars	803.50	218.90	223.20	552.05	644.65
Avril	864.00	212.40	250.55	549.50	88.75
Mai.	1,281.65	218.90	346.10	650.63	5.05
Juin.	1,215.60	212.40	249.60	237.02	10.08
Juillet.	1,106.70	218.90	178.55	552.05	84.28
Totaux . . .	10,909.02	2,560.43	3,032.64	5,968.65	4,832.49

En totalisant et en ajoutant les dépenses diverses, on obtient pour les dépenses totales de l'écurie, entendues comme il a été expliqué précédemment, le tableau suivant :

Mois de 1862-1863.	Dépenses de nourriture.	Dépenses diverses.	Dépenses totales.	Journées effectives de présence.
	fr.	fr.	fr.	
Août.	2,584.60	1,304.95	3,889.35	1,233
Septembre . . .	2,287.34	2,284.25	4,571.59	1,130
Octobre	2,290.58	1,988.25	4,278.83	1,147
Novembre. . . .	2,479.68	2,145.39	4,628.07	1,110
Décembre. . . .	2,361.50	1,423.52	3,785.02	1,147
Janvier.	2,430.30	1,546.80	3,977.10	1,147
Février.	1,984.02	987.95	2,971.97	1,038
Mars.	2,442.30	3.474.45	5,916.75	1,165
Avril.	1,960.20	1,136.60	3,096.80	1,140
Mai	2,502.33	1,440.80	3,943.13	1,178
Juin.	1,924.70	1,135.15	3,069.85	1,140
Juillet.	2,240.48	1,014.90	3,255.38	1,175
Totaux. . .	27,303.23	19,883.62	47,186.85	13,750

De là il résulte d'abord que la dépense de la nourriture par chaque journée de présence a été de 27,303f.12 divisés par 13,750 ou de 1 fr.98. La dépense totale pour nourriture et entretien tant du cheval lui-même que du matériel qu'il traîne après lui, l'amortissement des chevaux compris, a été par jour de 3 fr. 43.

Ici nous n'avons pas déduit les chevaux achetés, les regardant comme remplaçant les chevaux vendus ou morts et comme constituant l'amortissement de l'écurie.

Voyons maintenant pour ce même exercice 1862-1863 les produits de l'écurie en journées de travail comptées à 5 fr., et en journées de fumier comptées à 0 fr. 16, ainsi qu'il a été expliqué précédemment. Ce dépouillement nous fournit le tableau suivant :

Mois de 1862-1863.	Travail.		Fumier.	
	Journées.	Valeur.	Journées.	Valeur.
		fr.		fr.
Août	761.50	3,807.50	1,233	197.20
Septembre . . .	948.00	4,740.00	1,130	180.80
Octobre	1,013.90	5,069.50	1,147	183.50
Novembre . . .	933.50	4,667.50	1,110	177.60
Décembre . . .	872.50	4,362.50	1,147	183.50
Janvier	715.10	3,575.50	1,147	183.50
Février	696.00	3,480.00	1,038	166.10
Mars	1,037.00	5,185.00	1,165	186.50
Avril	854.50	4,272.50	1,140	182.40
Mai.	348.00	1,740.00	1,178	188.50
Juin	553.50	2,767.50	1,140	182.40
Juillet.	936.15	4,680.75	1,175	188.00
Totaux		48,348.25		2,200.00

Valeur totale du travail et du fumier. .	50,548.25
A ajouter pour vente de chevaux et changement de valeur du matériel à l'inventaire.	2,144.52
Recettes totales de l'écurie.	52,692.77

Le fumier a été estimé pour cette année à 2,200 fr. et la paille employée comme litière à 2,560 fr. 43 ; d'où il résulte que par comparaison avec la base d'estimation ordinaire des comptabilités agricoles le prix de 16 centimes par tête de cheval et par jour est un peu faible.

Passons enfin au dernier exercice 1863-1864.

Au milieu de cet exercice, on a commencé à donner aux animaux de la ferme de Masny des résidus d'une distillerie de grains.

Les denrées consommées par les 37 chevaux présentent le résumé suivant :

Mois de 1863-1864.	Avoine.	Paille.	Foin.
	Kil.	Kil.	Kil.
Août.	7,542	5,380	5,615
Septembre.	6,879	5,400	7,000
Octobre.	7,440	5,580	7,968
Novembre.	7,440	5,400	7,600
Décembre.	7,192	5,580	8,743
Janvier.	6,417	5,580	7,100
Février.	7,646	5,320	7,016
Mars	7,440	5,580	6,628
Avril	6,656	5,400	6,850
Mai.	3,100	5,580	6,850
Juin.	3,000	5,400	6,640
Juillet	3,720	5,580	5,456
Totaux	80,772	65,780	83,566

Mois de 1863-1864.	Févcrolles et hivernage.	Seigle son, orge.	Drèche de distillerie de grain.
	kilogr.	kilogr.	kilogr.
Août.	4,216	1,260	"
Septembre	5,760	1,329	"
Octobre	5,580	854	"
Novembre.	5,040	1,428	"
Décembre.	4,743	2,224	"
Janvier.	6,231	1,932	"
Février.	6,032	38	"
Mars	5,208	234	"
Avril.	4,680	"	77,500
Mai	6,665	"	75,000
Juin.	5,940	"	42,300
Juillet	2,976	50	36,000
Totaux	63,071	9,344	230,800

Les résidus de distillerie qui, à partir du mois d'avril 1864, ont été donnés aux chevaux ainsi qu'à tout le bétail de M. Fiévet, provenaient d'une distillerie de grains alors établie à un kilomètre de la ferme; ils ont été payés à raison de 0 fr. 50 l'hectolitre (100 kilogrammes), pris à l'usine; dans les prix du tableau ci-après, le coût du transport est ajouté à la valeur. Ces résidus ont été mélangés pour être administrés aux chevaux avec le reste de la nourriture composée, comme on l'a vu, de grains aplatis au moulin, et de foin et autres fourrages hachés. Cet emploi des résidus de distillerie a permis de réduire avec grand profit à environ moitié la proportion de l'avoine et des autres farineux.

Les valeurs de la nourriture donnée aux chevaux s'établissent de la manière suivante :

Mois de 1863-1864.	Avoine. Fr.	Paille. Fr.	Foin. Fr.
Août	1,346.25	193.70	336.89
Septembre	1,227.90	194.40	420.00
Octobre	1,134.60	200.90	478.10
Novembre	1,180.35	194.40	456.00
Décembre	1,096.80	200.90	524.60
Janvier	1,017.10	200.90	426.00
Février	1,211.90	187.90	420.95
Mars	1,170.25	200.90	397.70
Avril	1,015.70	194.40	420.00
Mai	473.05	200.90	421.00
Juin	457.80	194.40	398.40
Juillet	584.05	200.90	317.35
Totaux	11,924.75	2,364.60	5,016.99

Mois de 1863-1864.	Féverolles et hivernage. Fr.	Seigle son, orge. Fr.	Résidus de distillerie. Fr.
Août	446.90	707.00	"
Septembre	610.56	220.95	"
Octobre	591.48	138.90	"
Novembre	534.24	232.20	"
Décembre	502.76	369.60	"
Janvier	660.49	321.00	
Février	639.39	4.95	"
Mars	552.05	32.75	"
Avril	496.08	"	398.05
Mai	706.49	"	385.55
Juin	629.64	"	217.45
Juillet	315.45	7.50	186.90
Totaux	6,685.53	1,536.88	1,185.95

En totalisant et en ajoutant les dépenses diverses, nous obtenons, pour les dépenses totales de l'écurie entendues comme il a été expliqué précédemment, le tableau suivant :

Mois de 1863-1864.	Dépenses de nourriture. Fr.	Dépenses diverses. Fr.	Dépenses. totales. Fr.	Journées, effectives de présence.
Août	2,532.77	2,240.90	4,773.67	1,147
Septembre	2,673.81	1,581.91	4,255.72	1,110
Octobre	2,543.98	1,417.30	3,961.28	1,158
Novembre	2,597.19	1,240.86	3,838.05	1,140
Décembre	2,694.66	2,937.60	5,632.26	1,178
Janvier	2,625.49	2,160.25	4,785.74	1,178
Février	2,465.09	1,064.05	3,529.14	1,094
Mars	2,362.65	3,129.74	5,492.39	1,064
Avril	2,524.23	1,948.01	4,472.24	1,140
Mai	2,176.99	1,207.50	3,384.49	1,178
Juin	1,897.67	1,321.00	3,218.69	1,140
Juillet	1,612.15	1,761.20	3,373.35	1,178
Totaux	28,716.70	21,010.32	49,727.02	13,705

De là il résulte que pendant l'année 1863-1864 la nourriture a coûté par journée de présence effective 2 fr. 09. La dépense totale, tant pour nourriture qu'entretien et amortissement, a été par jour de 3 fr. 63.

En récapitulant le prix de la journée du cheval pour les trois années étudiées en détail, nous trouvons :

	Coût de la journée d'un cheval. en nourriture.	en nourriture, entretien et amortissement.
1861-1862	2.10	3.43
1862-1863	1.98	3.43
1863-1864	2.09	3.63
En moyenne	2.06	3.49

Pour l'année 1863-1864, les produits de l'écurie en travail et en fumier ont été :

Mois	Travail.		Fumier.	
	Journées.	Valeur.	Journées.	Valeur.
		Fr.		Fr.
Août. . . .	890.25	4,451.25	1,147	183.50
Septembre. .	976.35	4,881.75	1,110	177.60
Octobre. . .	1,068.85	5,344.25	1,158	185.30
Novembre . .	999.35	4,996.75	1,140	182.40
Décembre . .	977.15	4,885.75	1,178	188.50
Janvier. . .	694.00	3,470.00	1,178	188.50
Février . . .	633.50	3,167.50	1,094	175.05
Mars. . . .	988.65	4,943.25	1,064	170.25
Avril. . . .	903.00	4,515.00	1,140	182.40
Mai	644.30	3,221.50	1,178	188.50
Juin. . . .	430.40	2,152.00	1,140	182.40
Juillet . . .	492.50	2,462.50	1,178	188.50
		48,491.50		2,192.90
Valeur total du travail et du fumier.				50,683.40
A ajouter pour vente de chevaux et changement de valeur du matériel à l'inventaire. . . .				1,130.60
Recettes totales de l'écurie. . . .				51,814.00

La valeur du fumier résultant de cet inventaire est de 2,192 fr. 90, tandis que celle de la paille est de 2,364 fr. 60, ce qui prouve que le fumier à 16 centimes est évalué un peu trop bas; sa valeur est au moins de 17 à 18 centimes par jour et par tête, du moins sur la ferme de Masny.

Comme l'écurie fait les transports de la sucrerie en même temps que ceux de la ferme, comme elle exécute des transports pour la commune et surtout comme elle contribue bien au delà du nombre réglementaire des prestations à l'entretien des routes et des chemins de la commune, nous avons voulu séparer le compte des journées de travail de la ferme de ces autres comptes. Cette recherche devait d'ailleurs nous conduire à connaître la répartition vraie des travaux proprement dits d'une ferme du Nord dans les différents mois de l'année, question intéressante au point de vue général de l'économie rurale.

Voici d'abord pour les trois dernières années le relevé des journées totales de travail des chevaux mois par mois :

	1861-62	1862-63	1863-64
Août.	991.50	761.50	890.25
Septembre	982.25	948.00	976.35
Octobre	1,018.00	1,113.90	1,068.85
Novembre	1,023.00	933.50	999.35
Décembre	853.00	872.50	977.15
Janvier	682.00	715.10	694.00
Février	743.00	696.00	633.50
Mars	955.00	1,037.00	988.65
Avril	889.00	854.50	903.00
Mai	488.00	348.00	644.30
Juin	445.50	553.50	430.40
Juillet	653.00	936.15	492.50
Totaux	9,723.25	9,669.65	9,698.30

Les journées employées par la fabrique de sucre se sont ainsi réparties :

	1861-62	1862-63	1863-64
Août	112.0	53.0	17.5
Septembre	158.0	50.5	12.5
Octobre	146.0	148.5	123.5
Novembre	184.0	192.0	243.5
Décembre	159.5	107.5	106.5
Janvier	86.0	269.5	45.0
Février	205.0	223.0	165.0
Mars	106.5	36.0	21.5
Avril	116.0	130.5	50.0
Mai	113.0	35.5	28.0
Juin	161.0	80.0	26.5
Juillet	84.5	50.5	55.0
Totaux	1,631.5	1,376.5	895.5

Le compte des profits et pertes est chargé des journées de travail suivantes, qui ont été destinées aux réparations des chemins et à des transports divers, mais le nombre réglementaire des journées de chevaux pour les prestations en nature n'est que de 114 par an, si l'on s'en rapporte au rôle des prestations.

	1861-62.	1862.63.	1863-64.
Août	127.0	41.5	36.0
Septembre	111.0	24.0	158.8
Octobre	117.5	42.5	46.5
Novembre	58.0	33.0	30.0
Décembre	34.5	55.5	46.0
Janvier	192.5	125.0	272.0
Février	474.0	98.5	138.0
Mars	182.0	63.5	179.5
Avril	98.5	58.5	79.0
Mai	77.0	174.0	425.5
Juin	41.0	227.5	163.0
Juillet	51.0	0.0	113.0
Totaux	1,564.0	943.5	1,685.5

En 1863-1864, on a empierré plusieurs chemins communaux. C'est un bon emploi des chevaux, car il n'y a pas d'instrument plus important dans une ferme que les bons chemins; aucun fermier intelligent ne doit regretter le mal que lui donne ou que lui coûte l'établissement des moyens de communication qui lui facilitent l'accès de ses champs, des marchés voisins, des gares de chemins de fer, etc.

Il a été construit à Masny une église, et il y a été fait aussi quelques travaux d'amélioration communale; pour cet objet les journées de travail suivantes ont été employées :

	1861-62	1862-63.	1863-64.
Août	"	31.0	16.5
Septembre	"	34.5	34.5
Octobre	"	19.5	33.0
Novembre	"	"	7.5
Décembre	"	"	"
Janvier	"	"	"
Février	"	"	"
Mars	"	"	6.5
Avril	32.5	"	5.5
Mai	38.0	3.0	3.0
Juin	58.5	28.0	2.5
Juillet	46.5	31.5	"
Totaux	215.5	147.5	109.0

En défalquant toutes ces journées, il reste maintenant pour les journées de travail appliquées aux travaux des champs et à ceux de la ferme les nombres suivants :

	1861-62.	1862-63.	1863-64.	Moyenne pour les trois années.
Août	752.50	636.40	821.25	736.58
Septembre	713.25	839.00	770.36	774.20
Octobre	754.50	903.40	865.85	841.25
Novembre	781.00	708.50	718.35	735.95
Décembre	689.00	709.50	824.65	744.38
Janvier	403.50	320.60	377.00	367.03
Février	64.00	374.50	330.50	256.33
Mars	666.50	937.50	781.16	798.38
Avril	612.00	665.50	768.50	682.00
Mai	240.00	135.50	187.80	187.76
Juin	185.00	218.00	238.40	213.80
Juillet	471.00	858.15	325.50	551.21
Totaux	6,302.25	7,306.15	7,008.30	6,888.87

Les nombres des journées de chevaux nécessaires par chaque hectare ont été de 32.68 pendant la première année, de 37.77 pendant la seconde, de 31.93. Chaque hectare d'une exploitation rurale, telle que celle de Masny, exige par conséquent pour les labours et les charrois une dépense de 170 fr. en moyenne pour les attelages, en comptant 5 fr. chaque collier, le conducteur et l'entretien du matériel compris.

L'emploi des résidus de distillerie des grains a été continué à Masny pour la nourriture des chevaux sans qu'on ait aperçu aucun affaiblissement dans leur énergie, quoique ce régime durât depuis huit mois au moment où ces lignes ont été écrites (8 novembre 1864). Le poil des animaux était excellent. Les bêtes avaient l'aspect de la santé la plus florissante. La ration que la pratique a conduit à adopter était de 30 litres par jour; elle amenait une économie de 20 centimes au moins par tête et par jour.

Nous nous sommes appesanti sur l'étude des faits que présente l'écurie de Masny à cause du grand intérêt des questions sur lesquelles il nous a été possible de jeter quelque lumière en raison de l'exactitude de la comptabilité dans laquelle il nous a été donné de pouvoir puiser nos éléments de discussion. Nous avons pu ainsi appliquer utilement la méthode d'observation à des résultats qui avaient été enregistrés sans que l'on pût jamais se douter qu'ils serviraient à de semblables investigations. Nous devons mentionner ici le sentiment d'estime que la vérification toujours facile de toutes les supputations nous a inspiré.

CHAPITRE XXII

DU TRAVAIL PAR HECTARE ET DE SA RÉPARTITION SELON LES SAISONS.

D'après les détails contenus dans le chapitre précédent on peut constater qu'à Masny la quantité de travail par hectare est de 34 j. 12, soit 34 journées de chevaux en moyenne, dans une ferme à culture très-intensive et dans laquelle les prairies n'occupent qu'une étendue de 16 hectares (voir l'assolement suivi, chapitre VI, p. 35), les charrues étant généralement attelées de deux chevaux ou de trois au plus, et les voitures étant conduites par trois chevaux de front attelés sur un court timon.

Le travail annuel étant supposé représenté par 100, on a la répartition suivante entre les différents mois de l'année :

Janvier	5.3
Février	3.7
Mars	11.6
Avril	10.0
Mai	2.7
Juin	3.1
Juillet	8.0
Août	10.7
Septembre	11.2
Octobre	12.2
Novembre	10.7
Décembre	10.8
Total	100.0

Cette table pourrait être prise pour échelle de la répartition des salaires des domestiques à gages entre les différents mois de l'année dans le département du Nord.

Pour un salaire annuel de 100 fr., on donnerait par mois de présence, savoir :

Janvier	5 fr.
Février	4
Mars	12
Avril	10
Mai	3
Juin	3
Juillet	8
Août	11
Septembre	12
Octobre	11
Novembre	11
Décembre	10
Total	100

Cette table, qui repose sur des données expérimentales bien établies, remplacerait parfois avec avantage en raison de sa simplicité les conventions proposées par quelques Comices agricoles pour régler les gages des domestiques des fermes, d'après le travail qu'on exige d'eux dans chaque saison. Nous avons fait connaître les principales de ces formules dans le *Bon Fermier* (3e édition, p. 9). En les réduisant à la même forme pratique que nous venons d'adopter, on trouve les nombres proportionnels suivants pour les divers tarifs des gages des serviteurs ruraux dans l'Aisne, l'Ardèche, la Côte-d'Or et les Bouches-du-Rhône.

	Comice de Saint-Quentin.	Comite d'agriculture de Dijon.	Département de l'Ardèche.	Territoire d'Arles.
Janvier	4.1	4.2	4.2	0.0
Février	4.1	4.2	4.2	2.5
Mars	8.2	6.2	8.4	5.0
Avril	8.2	6.2	8.4	10.0
Mai	8.2	8.4	12.4	12.5
Juin	11.0	10.4	12.4	15.0
Juillet	13.8	16.6	12.4	15.0
Août	12.2	16.6	4.2	12.5
Septembre	11.0	10.4	8.4	10.0
Octobre	11.0	8.4	12.4	10.0
Novembre	4.1	4.2	8.4	7.5
Décembre	4.1	4.2	4.2	0.0
	100.0	100.0	100.0	100.0

On conçoit que les usages locaux aient dû finir par se fixer dans les différents lieux sur les véritables exigences du travail de chaque contrée, puisqu'il y a en présence deux intérêts toujours prêts à discuter, ceux des patrons et ceux des ouvriers. Dans certains lieux, lorsqu'il se fonde une industrie, telle que la fabrication du sucre qui accumule les travaux de transport dans un temps assez court, les salaires doivent augmenter; c'est pour cette raison que les chiffres proportionnels conclus de l'expérience de Masny, indiquent un salaire plus élevé pour novembre et décembre, que les tarifs des autres localités.

CHAPITRE XXIII

VACHERIE.

La vacherie n'a sur la ferme de Masny qu'une importance tout à fait secondaire. Le lait qu'elle produit est livré au ménage de la direction qui en tire tel parti qui lui convient; il est ainsi vendu par le compte *vacherie* au prix de 15 centimes le litre.

Au produit en lait, il faut ajouter les élèves mâles et femelles et le fumier.

Le relevé des comptes donne le tableau suivant :

Années.	Recettes. Fr.	Dépenses. Fr.	Bénéfices. Fr.	Pertes. Fr.
1853. . . .	9,558.10	7,689.77	1,868.33	"
1854. . . .	11,565.95	7,945.78	3,620.17	"
1855. . . .	7,750.75	5,236.01	2,514.74	"
1856. . . .	8.868.50	7,746.83	921.67	"
A reporter. .	37,743.30	28,618.39	8,924.91	"

Années.	Recettes.	Dépenses.	Bénéfices.	Pertes.
	Fr.	Fr.	Fr.	Fr.
Report . . .	37,743.30	28,618.39	8,924.91	"
1857. . . .	4,231.95	4,365.15	"	133.20
1858. . . .	3,976.95	3,721.30	255.65	"
1859. . . .	4,881.75	6,830.64	"	1,948.89
1860. . . .	5,142.75	6,734.78	"	1,592.03
1861. . . .	3,984.65	4,547.95	"	563.30
1862. . . .	5,364.25	5,324.56	39.69	"
1863. . . .	4,946.25	5,627.96	"	681.71
Total . . .	70,071.85	65,770.73	9,220.25	4,919.13
Bénéfice total en onze ans.			4,301.12	
Soit par an en moyenne. .			391.01	

Les vaches qu'entretient M. Fiëvet appartiennent à la race flamande. Elles donnent, en moyenne, 7 litres de lait par tête et par jour, en comptant le produit pour toute l'année. Le rendement varie d'ailleurs beaucoup d'une vache à une autre et en outre avec la distance du moment observé à l'époque du vêlage. La richesse du lait en beurre présente aussi souvent des différences considérables. On a eu quelquefois jusqu'à 25 litres de lait.

Voici une expérience faite par M. Fiévet sur quatre vaches nourries de la même manière; elle montre bien les variations que l'on peut constater dans ces sortes d'opérations. En sept jours les quatre vaches ont donné :

	Lait total.	Beurre total.	Lait par jour	Beurre p. 100 litres de lait.
	lit.	kil.	lit.	kil.
1.	139	7.5	19.8	5.5
2.	122	5.0	17.5	4.1
3.	127	4.9	18.1	3.8
4.	125	3.9	17.8	3.1

M. Fiévet ne pense pas que dans les conditions où il

Ferme de Masny N°4

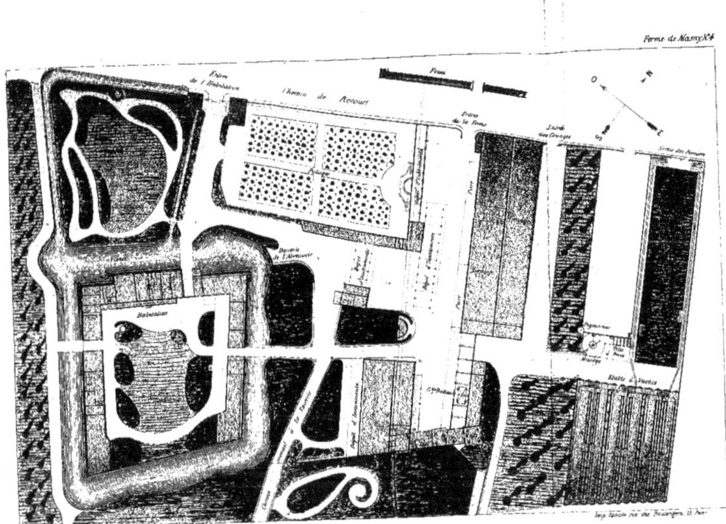

Imp. Fanote rue des Boulangers, 15 Paris

FERME DE MASNY exploitée par M. FIÉVET

Plan d'Habitation et d'Exploitation

se trouve, il y ait avantage à produire du lait, et il préfère de beaucoup pratiquer l'engraissement du bétail.

Pour établir les comptes, on estime à Masny le fumier produit par chaque tête, vache ou élève, à 0 fr. 25 par jour. Nous rappelons, d'ailleurs, que les comptes datent du 1er août, l'inventaire étant clos chaque année le 31 juillet.

Voici le détail des recettes pendant les trois dernières années :

	1861-62. Fr.	1862-63 Fr.	1864-64 Fr.
Lait	2,682.75	2,682.75	2,682.75
Fumier	987.75	1,103.50	1,244.50
Vente d'animaux. .	"	1,168.00	729.00
Excédant de valeur des animaux sur l'inventaire précédent. .	314.15	410.00	290.00
Totaux . . .	3,984.65	5,364.25	4,946.25

Pendant ces trois années, la vacherie comptait la population suivante :

	1861-62		1862-63		1863-64	
	Têtes.	Valeur. Fr.	Têtes.	Valeur. Fr.	Têtes.	Valeur. Fr.
Vaches.	7	3,000	7	4,050	7	3,750
Taureaux	1	450	1	300	1	300
Génisses	6	1,050	5	560	5	900
Taurillons	1	150	3	150	3	400
Totaux	15	4,650	16	5,060	16	5,350

Pour établir maintenant la dépense totale, tant en nourriture qu'en soins et gages des domestiques, nous donnerons d'abord les quantités qui ont constitué les rations ; nous avons trouvé :

	1861-62. Kilog.	1862-63. Kilog.	1863-64 Kilog.
Foin	31,065	33,083	27,244
Pulpe de sucrerie . . .	3,289	9,520	"
Son	1,322	2,003	1,128
Choux	24,000	39,460	42,210
Avoine	394	922	40
Pommes de terre ou carottes	2,100	2,775	2,625
Tourteaux	25	555	1,281
Drèches de distillerie . .	"	"	47,100
Paille pour litières . . .	29,914	22,712	35,619

Les valeurs de ces matières employées sont les suivantes :

	1861-62. Fr.	1862-63. Fr.	1863-64. Fr.
Foin	1,863.80	1,985.00	1,635.15
Pulpe	41.10	95.20	"
Son	346.50	288.13	167.16
Choux	291.45	473.50	505.90
Avoine	85.85	165.73	6.35
Pommes de terre ou carottes	42.00	156.50	125.50
Tourteaux	6.25	137.40	311.25
Drèches de distillerie . .	"	"	242.00
Sel	"	17.00	"
Totaux	2,676.95	3,318.46	2,993.31
Valeur de la paille . . .	1,079.40	1,177.70	1,283.30
Gages du vacher et domestiques	791.60	828.40	956.20
Achat d'une vache. . .	"	"	350.00
Dépenses diverses . . .	"	"	45.15
Dépenses totales. . . .	4,547.95	5,324.56	5,627.96
Nombre de journées de présence du bétail . .	3,951	4,414	4,978
Prix moyens de la journée	1f.15	1f.26	1f.13

Ces prix moyens sont relatifs à des bêtes de tout poids et de tout âge. Il faut évidemment calculer les prix proportionnellement à la taille des animaux. Or, nous avons donné plus haut les valeurs attribuées par chaque inventaire annuel aux bêtes adultes et aux jeunes bêtes. Si, d'après cette base, nous cherchons le coût quotidien de chaque catégorie, nous trouvons :

	1861-62	1862-63	1863-64
	Fr.	Fr.	Fr.
Coût de la journée d'une bête adulte .	1.60	2.02	1.59
— d'une jeune bête. .	0.63	0.60	0.67

Ces nombres sont à peu près conformes à ce que l'on trouve dans toutes les étables de la contrée. Il en résulte que le prix du lait coté à 15 centimes et celui du fumier à 25 ne sont pas suffisamment rémunérateurs, car ils ne donnent par vache qu'un total de 1 fr. 30, tandis que le prix moyen de la nourriture et de l'entretien d'une vache est de 1 fr. 73 par jour.

CHAPITRE XXIV

ENGRAISSEMENT DES BÊTES A CORNES.

La spéculation principale faite par M. Fiévet, dans le but de se procurer le fumier nécessaire à son exploitation, consiste dans l'engraissement des bêtes à cornes.

Pendant longtemps la plus grande partie du bétail engraissé était mise en pension dans les étables de Masny par les bouchers de Douai, qui payaient par jour et par tête de 35 à 45 centimes, soit en moyenne 40 centimes. Les bouchers donnaient, en outre, 3 kilogrammes de tourteaux d'œillette que les voitures de la ferme allaient chercher à Douai.

Ce mode de spéculation a produit les résultats suivants :

	Nombre de bêtes en moyenne par jour pendant toute l'année.	Recettes.	Dépenses.	Bénéfices.	Pertes.
		fr.	fr.	fr.	fr.
1853	34	8,518.75	7,843.55	675.20	"
1854......	17	4,049.90	3,652.25	397.65	"
1855......	21	5,285.60	4,627.35	658.25	"
1856......	31	7,639.90	7,675.65	"	35.75
1857......	49	12,348.70	11,387.45	961.25	"
1858......	63	15,615.85	12,912.70	2,703.15	"
1859......	62	15,357.55	12,120.74	3,236.81	"
1860......	61	14,546.50	13,414.20	1,132.30	"
1861......	77	20,106.70	18,607.00	1,499.70	"
Totaux..	415	103,469.45	92,240.89	11,264.31	35.75

Bénéfices en neuf ans 11,228f.56
Bénéfice moyen par tête restant toute l'année. 27f.05

Jusqu'en 1860, le fumier produit par chaque tête de bétail était compté à raison de 0 fr. 275 par jour et par tête; depuis cette époque, M. Fiévet a cru devoir réduire son estimation à 0 fr. 25, afin de faire concorder dans le compte *fumier* l'entrée avec la sortie.

De 1853 à 1857, il y avait à Masny une dizaine de bœufs de trait et quelques vaches laitières, ce qui relève pour cette période le nombre de têtes de bétail existant sur l'exploitation.

La très-grande partie des bêtes mises à l'engraissement par les bouchers, au moins les 4 cinquièmes, étaient des vaches. Ces animaux restaient environ 120 jours à l'étable; le renouvellement avait lieu par conséquent trois fois par an et donnait à chaque fois un bénéfice moyen de 9 fr. par tête.

Outre les tourteaux fournis par les bouchers, chaque vache recevait en moyenne par jour 30 kilogrammes de pulpe et 3 kilogrammes de paille de blé à l'état de mélange.

Voici du reste l'état des recettes et des dépenses de cet engraissement pendant la dernière année où ce mode d'engraissement a été suivi à Masny (1861-62) :

RECETTES.

	fr.
Fumier (28,592 journées) à 0f.25	7,148.00
Frais de pension (28,592 journées à 0f.45). . .	12,866.80
Journées de conducteurs de bétail et cordages payés par les bouchers.	91.90
Total.	20,106.70

DÉPENSES.

	fr.
Pulpe, 845,119 kil. à 1f.32 le quintal en moyenne.	11,117.10
Paille, 129,988 kil. à 36 fr. les 1,000 kil. . . .	4,679.55
Bouvier et domestiques.	1,380.35
Journées de chevaux pour le transport des pulpes et l'amenée de Douai à Masny des tourteaux donnés par les bouchers.	1,362.50
Cordages pour la conduite du bétail.	67.50
Total.	18,607.00

Le bétail maigre ainsi maintenu 120 jours dans les étables de Masny entrait au poids moyen de 450 à 500 kil. et sortait avec un poids de 570 à 620 kil., en donnant un gain d'environ 1 kilogramme par tête par journée de séjour. Les bouchers avaient payé 54 fr. pour frais de pension et, en outre, 360 kil. de tourteaux, qui, à 15 fr. les 100 kil., font la même somme de 54 fr., soit en tout 108 fr. pour 120 kilogrammes de viande. On peut donc estimer que le kilogr. de viande revenait aux bouchers à 0 fr. 90.

L'engraissement des bêtes à cornes achetées et revendues par la ferme elle-même n'a pris une grande importance à Masny que depuis 1862. C'est ce qui résulte du tableau suivant contenant les recettes et les dépenses de cette opération depuis 1852 jusqu'en 1865.

	Nombre de têtes par jour en moyenne pendant toute l'année.	Recettes.	Dépenses.	Bénéfices.	Pertes.
		fr.	fr.	fr.	fr.
1852-53	10	4,311.97	4,586.18	"	274.21
1853-54	6	2,650.75	2,531.95	"	121.20
1854-55	8	3,563.85	3,611.45	32.40	"
1855-56	"	"	"	"	"
1856-57	8	3,930.40	4,324.65	"	394.25
1857-58	3	563.35	1,380.40	"	817.05
1858-59	3	1,641.05	1,642.83	"	1.78
1859-60	"	"	"	"	"
1860-61	"	"	"	"	"
1861-62	"	"	"	"	"
1862-63	86	91,968.90	91,835.66	133.24	"
1863-64	126	155,267.05	161,488.96	"	6,221.94
1864-65	141	176,215.40	167,667.30	8,548.10	"
Totaux.	391	440,112.72	439,229.41	8,713.74	7,830.43
			Bénéfices.	883.31	

Les résultats que présente ce tableau ne sont pas encore brillants, puisqu'ils n'indiquent qu'un bénéfice définitif assez faible. M. Fiévet néanmoins ne se décourage pas, et il veut continuer à pratiquer l'engraissement des bêtes à cornes sur une très-grande échelle. La plus grande perte, en effet, provient de l'exercice 1863-1864, et l'on verra plus loin que la péripneumonie, par suite de la cessation momentanée de la pratique de l'inoculation, a sévi fortement pendant cet exercice sur le bétail de Masny. Un grand nombre de bêtes, 70, ont dû être vendues à perte, après avoir passé un temps plus ou moins long dans les étables. Depuis que l'inoculation a été reprise comme moyen préventif, tout fait croire que les pertes continueront à être changées en bénéfices notables. Dans l'exercice 1864-1865, le bénéfice s'est élevé à plus de 8,000 fr., et 500 vaches ont été engraissées. En outre, M. Fiévet compte faire sortir de ses étables 700 bêtes grasses pendant l'exercice 1865-1866. Le succès de l'engraissement paraît maintenant assuré.

Les tableaux suivants donnent pour les trois exercices de 1862-1863, 1863-1864 et 1864-1865, les seuls pendant lesquels l'engraissement a eu un grand développement, les détails des recettes et des dépenses.

1862-1863

Recettes.

	fr.
Fumier, 31,462 journées faisant	7,865.50
Bêtes vendues, 233 têtes	84,103.40
Total	91,968.90
Prix moyen des bêtes vendues . . . 360.96	

Dépenses.

	fr.
Foin, 5,670 kil. valant	340.20
Tourteaux, 72,445 kil.	13,639.50
Pulpe de sucrerie, 919,865 kil.	12,866.85
Nourriture	26.846.55
Paille pour litière, 131,370 kil.	4,733.36
Journées de chevaux pour transports	872.00
Gages des domestiques	1,283.05
Bêtes achetées, 307 têtes valant	83,307.70
Bêtes restant à la reprise d'inventaire	"
Total	117,042.66
A déduire restant à la fin de l'inventaire, 73 têtes valant	25,207.00
Dépenses totales de l'année	91,835.66
Prix moyen des bêtes achetées . . . 271f.36	

1863-1864

Recettes.

	fr.
Fumier, 46,233 journées faisant.	11,558.25
Bêtes vendues, 443 têtes	143,708.80
Total	155,267.05
Prix moyen des bêtes vendues . . . 324f.40	

Dépenses.

	fr.
Foin, 11,581 kil. valant.	694.85
Tourteaux, 98,915 kil.	14,621.70
Pulpe de sucrerie, 850,650 kil.	11,230.55
Drèche, 789,350 kil.	3,749.75
Nourriture.	30,296.85
Paille pour litière, 224,934 kil.	8,097.55
Journées de chevaux pour transports.	1,682.58
Gages des domestiques.	1,880.15
Bêtes achetées, 444 têtes valant.	114,710.84
Bêtes restant à la reprise d'inventaire, 73 têtes valant.	25,207.00
Total.	181,874.99
A déduire restait à la fin de l'inventaire, 66 têtes valant.	20,386.00
Dépenses totales de l'année. . . .	161,488.99
Prix moyen des bêtes achetées . 258f.35	

1864-1865

Recettes.

	fr.
Fumier, 51,515 journées faisant.	12,878.75
Bêtes vendues, 497 têtes.	163,273.65
Nourritures remboursées par des bouchers ayant laissé leurs animaux à l'étable après achat.	63.00
	176,215.40
Prix moyen des bêtes vendues 328f.51.	

Dépenses.	fr.
Foin, 19,189 kil. valant.	1,151.40
Tourteaux, 104,679 kil.	15,507.35
Pulpe de sucrerie, 884,825 kil.	13,688.30
Drèche, 14,886 hectol. 50.	7,475.50
Sel, 5,300 kil.	336.00
Son, 108 kil.	16.20
Nourriture.	38,174.75
Paille pour litière, 257,586 kil.	9,565.55
Journées de chevaux pour transports. . . .	2,483.75
Gages des domestiques.	2,615.80
Dépenses diverses	526.00
Commission d'achat.	5,705.88
Bêtes achetées, 578 têtes valant.	125,617.97
Bêtes restant à la reprise de l'inventaire, 66 têtes valant.	20,386.00
	205,075.70

A déduire restant à la fin de l'inventaire :

147 bêtes valant.	37,100.00	37,408.40
Objets mobiliers	308.40	
Dépenses totales de l'année. . . .		167,667.30

Prix moyen des bêtes achetées : 217f.33.

Dans les prix d'achat des animaux sont compris les commissions et les frais divers pour la conduite des animaux.

L'écart moyen entre les prix de vente et d'achat a été de 89 fr. 60 dans l'exercice 1862-1863; de 66 fr. 05 durant l'exercice 1863-1864, et de 111 fr. 18 durant l'exercice 1864-1865.

Il y avait eu presque balance entre les recettes et les dépenses en 1862-1863; la perte subie l'année suivante vient évidemment de la réduction dans le prix de vente par l'étable, réduction causée par l'invasion de la péripneumonie. La perte a néanmoins été atténuée par une diminution dans le prix de revient de la nourriture, diminution produite par l'emploi des drèches de distillerie qui n'a pu être continué depuis lors à cause de la fermeture de l'usine où elles étaient prises. En effet, on trouve, d'après les tableaux précédents, les prix suivants pour la journée d'une bête à cornes à l'engraissement :

	1862-63 fr.	1863-64 fr.	1864-65 fr.
Nourriture par jour.	0.85	0.65	0.74
Frais d'entretien par jour (litières, gages, transports de nourriture).	0.22	0.25	0.29
Coût d'une journée de bête bovine à l'engrais.	1.07	0.90	1.03

M. Fiévet engraisse principalement des vaches, comme le faisaient les bouchers qui antérieurement mettaient des animaux en pension dans ses étables. Il fait aussi acheter de jeunes taureaux, qui, nourris avec les rations ci-dessus indiquées et notamment des résidus de distillerie de grains, présentent une grande aptitude à l'engraissement. Un jeune taureau de 2 à 3 ans, acheté en août 1864 et vendu après 60 jours, avait acquis un accroissement de 170 kilogrammes de poids vif, soit 2 kil. 8 par jour.

Voici, du reste, les poids moyens à l'entrée et à la sortie de chaque tête pendant les exercices 1862-63, 1863-64 et 1864-65, ainsi que la durée du séjour dans les étables :

	Poids moyen à l'entrée. kil.	Poids moyen à la sortie. kil.	Accroissement de poids par tête. kil.	Nombre de jours d'engraissement. kil.	Accroissement moyen par jour. kil.
1862-63	444.8	569.1	124.3	107.8	1.15
1863-64	454.9	528.5	73.6	85.8	0.86
1864-65	422.3	521.0	101.3	74.5	1.36

L'influence fatale de la péripneumonie est rendue bien manifeste par les chiffres de ce tableau.

Corrigé par l'expérience, M. Fiévet s'est empressé de revenir à l'emploi du moyen préventif nécessaire, et, prenant tous les soins possibles pour améliorer sa situation, il a modifié la ration de nourriture de manière à la rendre moins coûteuse, tout en augmentant la rapidité de l'engraissement.

CHAPITRE XXV

INOCULATION CONTRE LA PÉRIPNEUMONIE.

La péripneumonie contagieuse de l'espèce bovine est un fléau dont les agriculteurs du Nord ont pris leur parti; ils combattent cette maladie par le procédé d'inoculation découvert et préconisé par le docteur Willems, et regardent désormais cette opération comme aussi indispensable pour l'espèce bovine que l'est la vaccination pour l'homme.

A Masny, la péripneumonie épizootique n'a sévi que vers la fin de 1859. Les bouchers, quoique l'efficacité du remède fût rendue bien manifeste par le grand nombre d'exemples qu'ils avaient sous les yeux, ne voulurent pas consentir à faire inoculer leurs vaches. En 1861, les accidents devinrent très-fréquents; un très-grand nombre de bêtes furent atteintes; elles étaient immédiatement reprises par les bouchers, qui en tiraient un parti meilleur que ne peuvent le faire les agriculteurs, car, on le conçoit, leur intérêt les portait à ne pas déprécier leur propre marchandise.

Fig. 17. — Injection d'un courant d'eau fraîche sur les plaies des vaches malades à la suite de l'inoculation contre la péripneumonie de l'espèce bovine.

En 1861, M. Fiévet résolut de faire l'engraissement pour son propre compte, en voyant que les bouchers, à la suite des pertes que la péripneumonie avait causées, demandaient une réduction dans le prix de la pension payée pour les vaches mises dans les étables. Il fit immédiatement pratiquer l'inoculation sur les bêtes achetées, en attendant seulement qu'elles eussent pris un peu de repos pour se remettre des fatigues des voyages ou des privations dont elles avaient pu pâtir auparavant. L'opération, faite par un vétérinaire attaché à la ferme et payé à l'année (payement porté au compte des chevaux), a généralement réussi. En effet, sur 300 inoculations exécutées en 1862-1863, il n'y a eu que 5 cas où les accidents consécutifs provenant de l'inoculation elle-même ont forcé d'abattre les bêtes, et 10 cas où le virus n'ayant pas produit d'effet, la péripneumonie a frappé et a forcé de conduire immédiatement les bêtes à la boucherie.

Le mode d'inoculation employé à Masny consiste à enlever avec des ciseaux les poils d'une partie de l'extrémité de la queue, à faire trois ou quatre incisions et à introduire dans chacune une petite quantité de virus. Celui-ci est le liquide extrait d'un poumon non trop décomposé et provenant d'une bête abattue à la suite d'une attaque pleuropneumonique. Au bout de trois semaines en moyenne, les accidents consécutifs se manifestent; ils consistent le plus souvent en quelques boutons sur les incisions, lesquels se guérissent d'eux-mêmes. D'autres fois l'extrémité des queues se gonfle et présente une sorte de gangrène qu'on arrête en coupant la queue au-dessus du mal. Nous n'avons compté que 2 queues coupées sur 162 bêtes inoculées existant dans les étables au moment d'une de nos visites. Dans d'autres circonstances plus rares, l'enflure gagne la partie supérieure de la queue et les chairs qui avoisinent son attache. Alors une décomposition se manifeste, et le vétérinaire pratique des incisions et enlève les chairs pourries. M. Fiévet a pensé qu'il conviendrait, dans ce cas, de laver les parties malades avec un jet d'eau fraîche. Ce traitement a été appliqué au moyen d'un tube flexible en caoutchouc terminé par un petit tuyau en cuivre, et mis en communication avec les conduits d'eau dont nous avons expliqué la circulation dans les étables. La figure ci-jointe (fig. 17) représente l'exécution de cette injection d'eau froide, qui a donné d'excellents résultats. Toutefois, durant l'hiver, elle doit être supprimée, à cause de la basse température; l'été, au contraire, elle est très-favorable et amène généralement une prompte guérison.

Au mois de janvier 1864, M. Fiévet, croyant que les bonnes conditions d'hygiène et d'alimentation par les drèches de distillerie dans lesquelles se trouvait son bétail devaient le mettre à l'abri de nouvelles attaques péripneumoniques, supprima l'inoculation comme un moyen préventif désormais inutile. Quelques accidents, survenus à la suite de la pratique de cette opération pendant les froids assez rudes de l'hiver, l'avaient d'ailleurs affligé. Peut-être, pensait-il, le sacrifice qu'entraîne l'emploi du remède était désormais sans compensation! Les faits n'ont pas tardé à démontrer qu'il fallait mieux éprouver une perte de 1 à 2 pour 100 par suite de l'inoculation que de courir le risque d'être obligé de vider tout à coup presque toute son étable. On a vu, en effet, plus haut, que la péripneumonie sévit cruellement au mois de mars 1864; 70 bêtes furent frappées du mois de mars à la fin de juin. Depuis

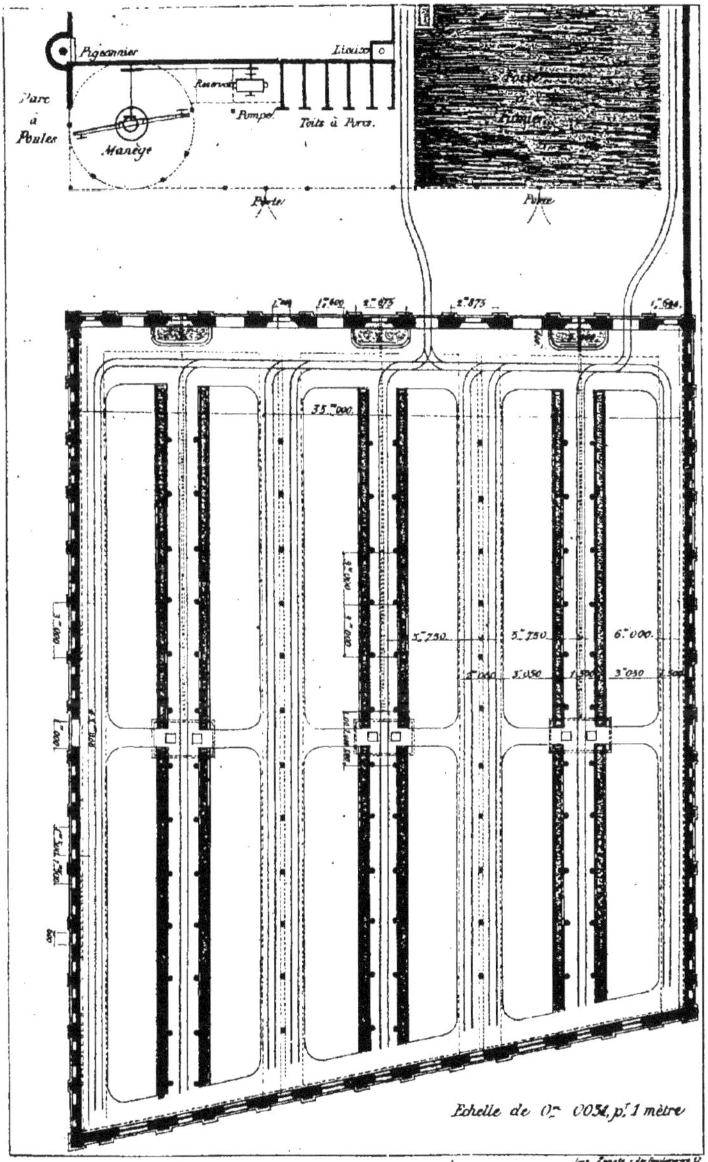

Pigeonnier
Lieux
Reservoir
Parc à Poules
Pompe
Toits à Porcs
Manège
Porte
Porte

Échelle de 0m 0054, pr 1 mètre

Étable à Vaches, Ferme de MASNY appartenant à Mr FIEVET.

lors M. Fiévet a recommencé à soumettre tous ses animaux de l'espèce bovine à l'inoculation, et le fléau a été complétement arrêté. A dater du 1er août 1864, il n'y a plus eu un seul cas de péripneumonie, malgré le grand nombre des bêtes entrées dans les étables. Il est vrai d'ajouter que les achats de nouveaux animaux se font avec plus de soin. M. Fiévet intéresse les commissionnaires qui lui amènent le bétail maigre dans l'écart entre le prix d'achat et le prix de vente, en leur donnant 12 pour 100 de cet écart. De la sorte les commissionnaires eux-mêmes s'attachent à acheter des animaux sains, susceptibles d'acquérir un engraissement aussi prompt que possible, et pouvant, par leur vigoureuse santé, échapper aux maladies. Leurs bénéfices sont d'autant plus grands que les bêtes gagnent plus. Tout accident péripneumonique viendrait diminuer leur part. C'est un usage que M. Fiévet avait observé chez M. de Cauville, lauréat de la Prime d'honneur de Seine-et-Oise en 1858, et qu'il se loue beaucoup d'avoir introduit à Masny.

CHAPITRE XXVI

LA NOUVELLE ÉTABLE DE MASNY

On faisait aux étables de la ferme de Masny, telles qu'elles existaient jusqu'à la fin de 1864, le reproche d'être trop basses, mal aérées, médiocrement disposées en vue de la circulation des animaux. M. Fiévet n'a pas voulu que ce reproche, qu'il reconnaissait bien fondé, pût lui être objecté plus longtemps, et, dans le commencement de l'année 1865, il se mit à l'œuvre pour préparer à son bétail d'engraissement un logement digne de sa belle exploitation. Il résolut de faire en même temps dans l'aménagement de sa ferme quelques améliorations intérieures dont la pratique lui avait démontré l'utilité.

Éloigner la fosse à fumier des bâtiments d'habitation et

[1] Voir chapitre V, p. 25.

la transporter près de l'emplacement de la nouvelle étable, diminuer les frais de main-d'œuvre par l'établissement de chemins de fer pour la distribution de la nourriture et de la litière et pour le transport des fumiers, réserver des étables destinées à faire des infirmeries pour les animaux malades, ou à constituer des lazarets pour faire subir des quarantaines aux bêtes nouvellement achetées, telles furent les principales conditions du programme qu'il se proposa de remplir.

On se souvient que devant l'habitation du fermier se trouvait la fosse à fumier, au milieu d'une vaste cour sur les côtés latéraux de laquelle s'élevaient les écuries, l'étable à vaches, les étables d'engraissement et enfin les toits à porcs. M. Fiévet a comblé la fosse et a transformé l'emplacement qu'elle occupait en un gazon charmant dont la verdure se relie à la belle prairie qui est au-delà des fossés pleins d'eau; sur ceux-ci il a fait jeter un nouveau pont, vers la droite de la maison d'habitation; il a supprimé les toits à porcs qui avançaient en retour d'angle, et, par des plantations, il a fait de l'ensemble un très-joli jardin qui se marie parfaitement avec le paysage.

Les écuries ont été améliorées ainsi que les étables; celles-ci ne doivent plus désormais contenir, sur la droite, que la vacherie, et, sur la gauche, que les infirmeries et les lazarets pour faire faire quarantaine aux bêtes nouvellement achetées. C'est là qu'on continue à pratiquer l'inoculation et à traiter toutes les bêtes malades.

Quant à l'étable pour l'engraissement des vaches, elle est transférée au-delà de toutes les cours où sont les bangars des instruments, plus loin que le bâtiment des machines et le grenier de conservation des grains.

La planche coloriée n° 4, comparée aux planches I et II, rend compte de ces changements dont l'exécution a beaucoup amélioré l'aménagement de la ferme.

Devant l'étable nouvelle se trouvent un manége pour élever de l'eau dans un réservoir destiné à alimenter les auges de tout le bétail, plus, des toits à porcs, et, en outre, un bâtiment destiné à la volaille, qui a pour s'ébattre un vaste enclos planté et gazonné.

La fosse à fumier est ainsi en face de l'étable; elle occupe un rectangle ayant 13 mètres de largeur et 57 mètres de longueur. Sa profondeur est de $1^m.75$. Deux quais, sur lesquels sont établis deux petits chemins de fer, servent à amener le fumier à l'aide de petits wagons basculants. A l'extrémité, vers la porte par laquelle les voitures viennent prendre le fumier pour le conduire aux champs, sont ensuite construites deux petites étables qui peuvent contenir six têtes de gros bétail chacune et qui doivent servir comme infirmeries ou comme étables de quarantaine pour les bêtes nouvelles ou suspectes.

Le fond de la fosse à fumier présente deux pentes légères vers le mileu pour y ramener les liquides dans le cas où ils ne seraient pas complétement absorbés par les pailles; un aqueduc conduit au besoin les liquides dans une citerne.

Le fumier est piétiné par la partie du bétail qui n'est pas encore soumis à la stabulation permanente, pour être poussé au maximum d'engraissement. Des crèches et auges sont disposées sur les côtés latéraux pour donner à manger et à boire aux bêtes en liberté sur ce vaste rectangle. Une grille, munie d'une grande porte au milieu, et de deux petites portes sur les quais où sont établies les voies ferrées, ferme l'entrée du côté de l'étable. Une grande grille ferme l'issue sur la rue du village.

Il serait très-facile de couvrir cette fosse à fumier par un toit qui reposerait sur des piliers s'élevant sur les deux quais, dans le cas où l'on croirait qu'il y a avantage à mettre ainsi la masse d'engrais hors des atteintes successives des eaux pluviales ou de l'action du soleil, en créant un abri pour le bétail laissé en liberté sur la plate-forme.

Deux voies ferrées partent des quais bordant la fosse à fumier pour pénétrer par deux portes dans l'étable des vaches. Cette étable est établie pour contenir 200 têtes de bétail, qui y sont très à leur aise. Les bêtes à l'engrais séjournent environ 100 jours à l'étable, qui peut, en conséquence, servir à engraisser convenablement par an plus de 700 bêtes prêtes à être livrées à la boucherie. On le voit, c'est une magnifique fabrique de viande que nous avons à faire connaître.

L'étable, par suite de la conformation du terrain, représente à peu près un trapèze dont deux angles sont droits. Elle est divisée en six travées parallèles, dans chacune desquelles se trouvent des auges longitudinales faites en briques cintrées assemblées avec du ciment et peintes en bleu dans la planche coloriée n° 5. Les animaux, placés sur six rangs, forment trois groupes de deux rangées chacun. Les bêtes de chaque groupe se regardent, mais sont séparées par un chemin de $1^m.50$ de largeur, où est établi un chemin de fer à une voie pour le service de la nourriture; elles ont chacune 3 mètres de profondeur pour la litière, et derrière les deux rangs, placés dos à dos, est un nouveau chemin de fer à deux voies pour le service des fumiers. Tous ces chemins de fer sont réunis en tête de l'étable par un autre chemin perpendiculaire, avec des croisements de voie qui permettent de changer facilement de direction et de conduire d'ailleurs les wagons chargés de fumier dans la fosse à fumier située en face.

Le côté du trapèze perpendiculaire aux deux bases a une longueur de 35 mètres. C'est là que se trouve la façade transversale par laquelle se fait tout le service de l'étable, façade dont la figure 18 donne la représentation. On voit qu'une porte se trouve patiquée dans l'axe de cha-

Fig. 18. — Façade transversale de l'étable de Masny.

cune des six travées. Ces portes sont à coulisses, c'est-à-dire rentrent parallèlement à la muraille quand on veut les ouvrir, au lieu de se développer en dehors ou en dedans, ce qui prend beaucoup de place et donne lieu, en outre, à mille inconvénients. Sept fenêtres, qui donnent sur cette façade, amènent de ce côté de l'air et de la lumière. En dedans de cette façade se trouvent creusées dans le sol trois fosses cimentées de 3 mètres de longueur sur 0 ^{m}. 80 de largeur, pour renfermer la nourriture mélangée des animaux, nourriture formée de fourrages hachés et de pulpes de sucrerie. Il eût été mieux de placer au dehors cette espèce d'atelier de préparation des aliments, sous un hangar adossé à la façade, où les attelages auraient plus facilement amené les provisions.

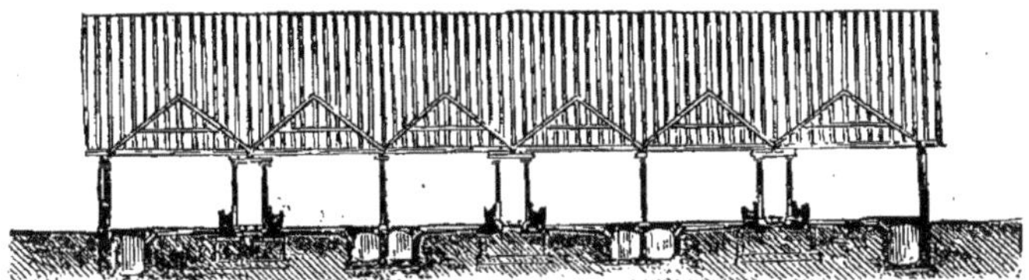

Fig. 19. — Coupe transversale de l'étable de Masny.

La figure 19, qui représente une coupe transversale de l'étable, montre mieux encore la disposition des auges, les places des animaux, les colonnes qui supportent les fermes sur lesquelles reposent les toitures en pannes de chaque travée. On aperçoit, en outre, les canaux souterrains et les longues fosses en briques qui servent à réunir et à contenir tous les purins.

Le dessous des toits a été garni par des roseaux formant des espèces de paillassons très-convenables pour maintenir la température et pour conserver les charpentes.

La plus grande base du trapèze sur laquelle s'élève la

façade principale (fig. 20 et 21) a une longueur de 48 mètres ; la plus petite base qui est adossée au mur de clô-

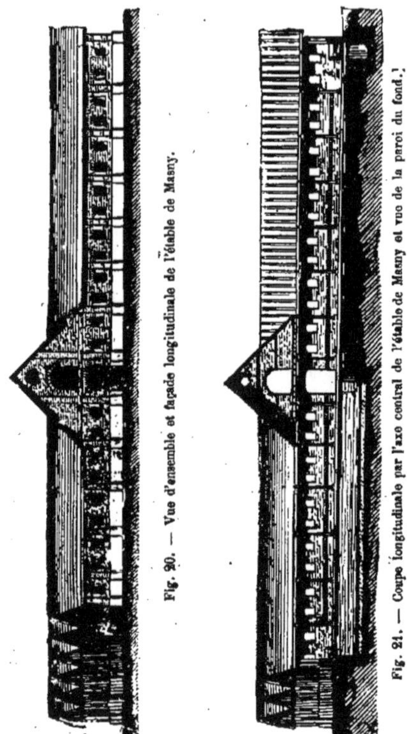

Fig. 20. — Vue d'ensemble et façade longitudinale de l'étable de Masny.

Fig. 21. — Coupe longitudinale par l'axe central de l'étable de Masny et vue de la paroi du fond.

ture de la ferme, mesure 38 mètres. Perpendiculairement aux deux bases, et par le milieu de la plus grande, est

Fig. 22. — Vue intérieure et coupe d'une double travée de la nouvelle étable de Massy.

Delagrave & C., rue des Écoles 78, à Paris.

percée une haute travée transversale qui rend la circulation plus facile dans l'intérieur de l'étable en permettant de ne pas aller jusqu'au bout des rangées de bétail pour passer de l'une dans l'autre.

Au-dessus de cette travée règne un grenier qui peut contenir une trentaine de voitures de paille. Cette paille qui sert pour litière est jetée par des trappes à proximité des rangées d'animaux, de telle sorte que le service de l'épandage de la litière se fait aussi facilement que celui de la répartition de la nourriture.

Afin de comprendre clairement le système de construction adopté, il suffira d'étudier encore la figure 22, qui représente sur une grande échelle la vue de tous les détails intérieurs et la coupe d'une double travée de l'étable. Toutes les dimensions et épaisseurs de murailles ont été indiquées avec soin.

La surface totale de l'étable est de 1,505 mètres carrés. La hauteur, jusqu'à l'origine des solives sur lesquelles s'appuyent les toits, est de $2^m.70$. Le volume de la partie parallélipipédique est donc de 4,063 mètres cubes. Il faut encore y ajouter six prismes triangulaires droits ayant chacun pour base un triangle équilatéral de $5^m.80$ de base et de $2^m.10$ de hauteur. La surface de chacun des triangles étant $6^{mc}.09$, et la hauteur moyenne des prismes de 43 mètres, moins 10 mètres à cause des greniers, on obtient $6 \times 6.09 \times 33$ ou 1,218 mètres cubes pour le volume total des six prismes. Par conséquent, le cube d'air de l'étable est de 5,281 mètres cubes.

L'étable est construite pour renfermer 200 têtes, savoir :

64 dans la plus petite double travée, 66 dans celle du milieu et 70 dans la double travée la plus longue. Ce sont, en général, des vaches. Cependant, M. Fiévet a trouvé avantageux d'engraisser aussi des taureaux ; il les place dans la travée la plus voisine du mur de clôture, et, afin d'obtenir un isolement suffisant, il s'est contenté de faire une cloison en planches montant un peu au-dessus des têtes des animaux et s'appuyant sur la série des colonnes en fonte qui supportent les toitures et qui se trouvent placées derrière les auges.

Si l'on divise 5,281 par 200, on obtient 26^{mc}.4 pour le cube d'air attribué à chaque tête de bétail, et notre illustre maître et ami, M. de Gasparin, indique 24 mètres cubes comme la capacité convenable par tête pour les bêtes à cornes. (*Cours d'agriculture*, t. II, p. 483.) Toutefois, l'espacement des animaux n'est, dans l'étable de M. Fiévet, que de 1 mètre par tête, tandis que M. de Gasparin admet une largeur de 1^{m}.50 à 1^{m}.75 pour une bête à l'engrais.

Le détail suivant des dépenses de construction fait connaître non-seulement les prix de chaque nature de matériaux, mais encore une foule de renseignements utiles aux agriculteurs qui voudraient faire exécuter des bâtiments de ce genre :

	fr.
Maçonnerie. 390,000 briques pour les constructions, les citernes et le pavage de l'étable, à 12 fr. le 1,000.	4,680.00
Transport de ces briques.	650.00
354 mètres cubes de sable, à 0^{f}.60 le mètre . .	212.40
545 hectolitres de cendres, à 0^{f}.20 l'hectolitre. .	109.00
A reporter	5,651.50

	fr.	
Report	5,651.00	
Transport du sable et des cendres.	450.00	
80 hectolitres de chaux de Tournai, à 1f.80 . .	144.00	
889 hectolitres de chaux ordinaire, à 0f.90 toute rendue.	800.10	
212 mètres d'auges en briques cintrées, à 5f.50 le mètres.	1,166.00	
Ciment pour les auges.	100.00	
105 dés en pierre bleue pour porter les colonnes en fonte	154.00	
1,092 journées de maçons, à 2f.50	2,730.00	
440 journées de manœuvres pour fouilles de terrain et pour le service des maçons, à 1f.75 .	770.00	fr.
	11,965.50	11,965.50
Charpente. Bois bruts de charpente venant de Dunkerque.	5,075.98	
117 journées de charpentiers, à 3f.25	380.25	
Bois employés aux pignons pour frontons, etc. .	273.85	
	5,730.08	5,730.08
Toiture. Lattes pour la toiture.	593.02	
33,500 pannes à couvrir, à 49 fr. le mille . . .	1,641.50	
81 pannes en verre, à 0f.50.	40.50	
56 châssis-tabatières (ports compris).	703.40	
229 journées de couvreurs, à 3 fr.	687.00	
Achat de roseaux pour garnir le dessous des toits.	200.00	
150 journées d'ouvriers pour l'emploi des roseaux, à 2 fr.	300.00	
	4,166.22	4,166.22
Fers et fontes pour la construction. 105 colonnes en fonte pesant 9,941 kilogr. à 250 fr. les 1,000 kilogr.	2,485.25	
74 tuyaux en fonte pesant 1,567 kilogr. pour amener l'eau dans les auges.	391.75	
Fers divers pour la construction.	348.50	
	3,225.50	3,225.50
Menuiserie, etc. 41 châssis en bois.	340.00	
Menuiserie pour portes, cloisons, etc.	1,000.35	
Objets divers pour les portes roulante de l'étable (suspensions, glissoires, galets, entretoises, boulons.)	558.22	
A reporter	1,898.57	25,087.30

	fr.	fr.
Reports	1,898.57	25,087.30
Autres objets divers (clous, pointes, bourre, etc).	453.35	
Note du zingueur.	480.00	
Vitrerie et peinture.	347.00	
	3,179.52	3,179.52
Chemins de fer. Billes en bois pour poser les rails.	200.00	
974m.80 de rails pesant 9,674 kilogr. à 340 fr. les 1,000 kilogr.	3,289.16	
11 plaques de changement de voie pesant 1,498 kilogr.	509.32	
Vis pour la pose.	133.00	
Main-d'œuvre pour la pose.	225.00	
	4,356.48	4,356.48
Pavage. Construction d'un pavé vis-à-vis de l'étable.	496.00	496.00
Dépenses totales		33,119.50

Le coût du logement par tête de gros bétail est, en conséquence, de 160f.50. Cette dépense n'est pas élevée, si l'on considère que trois hommes suffiront désormais, vu la facilité des transports par les chemins de fer et vu l'arrivée de l'eau directement dans les auges, pour faire le service complet de 200 vaches ou taureaux.

CHAPITRE XXVII

CONDUITE DES ANIMAUX ENGRAISSÉS OU MALADES.

Une fois que le bétail est engraissé à Masny, il convient de le conduire au marché de Douai ou chez le boucher qui l'achète, le plus vite possible et sans lui faire perdre de poids par un voyage trop fatigant. Il convient aussi de conduire sans les faire souffrir les bêtes malades, particulièrement celles atteintes de la cocotte et pour lesquelles la marche est si douloureuse, de l'étable vers les infirmeries, qui en sont assez éloignées, ou vers l'endroit où on emploie les injections pour le pansage des plaies. (Voir le chap. XXV, p. 190.) Pour atteindre ce but, M. Fiévet a imaginé le véhicule représenté par la figure 23.

Ce véhicule consiste en une charrette dont l'essieu est courbé pour abaisser le plus possible vers le sol le plancher qui en forme le fond.

Lorsqu'on veut y faire entrer un animal, on enlève l'arrière et on s'en sert comme d'un plan incliné pour lui faci-

Fig. 23. — Charrette pour le transport du bétail employée à la ferme de Masny.

liter l'accès dans le chariot (fig. 24). Lorsque le corps de l'animal est entré complétement, on relève cette espèce de pont-levis qu'on fixe à l'aide de clavettes. On passe alors les chaînes figurées sur le dessin autour du garrot et de l'arrière-train du bœuf pour atténuer les effets du balancement ou de la trépidation et pour lui ôter la possibilité des mouvements désordonnés de recul ou d'avance qui pourraient survenir pendant le transport. Enfin, si l'animal est rétif, on passe les cordes de la pince nasale dans les anneaux disposés à cet effet sur le devant de la charrette dans les barres en fer qui relient fortement les

Fig. 24. — Entrée d'une bête grasse dans le chariot de Masny.

cotés et le fond. Un cheval est attelé dans les brancards de la charrette et les bêtes arrivent sans danger ou fatigue à leur destination.

On ne saurait trop s'attacher dans les exploitations rurales à faire disparaître toutes les causes de déperdition de force et de main-d'œuvre. Quelquefois nous avons vu trois ou quatre hommes pousser et traîner une vache ou un bœuf qui ne voulait ou ne pouvait marcher, et ce spectacle était aussi affligeant par les mauvais traitements que l'animal devait supporter que par les infimes résultats que tant d'efforts poursuivaient. Les soins employés à Masny pour amener la réduction des mains-d'œuvre inutiles et pour assurer la facilité des transports doivent être partout imités, parce qu'ils ont pour conséquence l'abaissement des prix de revient des denrées agricoles et la conservation des justes bénéfices de l'agriculteur.

ce Penne del.

Imp. Becquet, Paris.

VACHE DE RACE FLAMANDE DESSINÉE D'APRÈS NATURE DANS L'ÉTABLE DE M. CONSTANT FLÉVET, AGRICULTEUR À MASNY (Nord).

Librairie Ch. Delagrave & Cie rue des Écoles, 78, à Paris.

CHAPITRE XXVIII

BASSE-COUR ET PORCHERIE.

Nous ne mentionnons la basse-cour et la porcherie de la ferme de M. Fiévet que pour mémoire. Il n'est tenu compte, dans la comptabilité de Masny, ni des produits ni des dépenses de cette partie de la ferme, qui est à la charge et au bénéfice de la direction. M. Fiévet engraisse un porc à de rares intervalles pour les besoins de son ménage, lesquels sont très-restreints, car il ne nourrit que deux domestiques femelles; tous les autres employés, agents ou ouvriers de la ferme, se nourrissent chez eux, même au moment de la fenaison et de la moisson.

Quant aux oiseaux de basse-cour, il y en a une centaine qui prennent leur nourriture partout où ils trouvent à butiner; on leur donne seulement une certaine quantité de menus grains. Ils sont élevés en pleine li-

14

berté, ayant tout près d'eux une petite prairie. Ils ne peuvent néanmoins, par suite des dispositions des lieux, aller nicher ni déposer leurs œufs ailleurs que dans les poulaillers. C'est une condition que l'on devrait s'attacher à remplir dans toutes les fermes, car la perte des œufs est très-préjudiciable si on laisse les volailles pénétrer dans les écuries. En outre, les oiseaux de basse-cour dégoûtent souvent, en déposant leurs fientes dans les auges et mangeoires, le bétail de prendre sa nourriture. D'un autre côté, on ne trouve des volailles bien portantes, exemptes des maladies qui les frappent si souvent ainsi que font les épidémies n'épargnant aucune tête, aucune race, qu'autant qu'on leur donne de la verdure. Une prairie est indispensable partout où l'on veut avoir une basse-cour florissante. Nous pensons même qu'il serait sans doute plus utile qu'on ne se le figure généralement de conduire les volailles aux champs, comme l'a proposé M. Giot, l'inventeur du poulailler roulant, dans le but de détruire les vers blancs et les autres insectes qui font tant de mal aux récoltes en terre.

Tout ceci n'est dit que par parenthèse. A Masny, nous le répétons, la basse-cour est une affaire laissée au chef de l'exploitation et à ses besoins personnels; elle n'entre pour presque rien dans les comptes de la ferme.

CHAPITRE XXIX

ENGRAISSEMENT DES MOUTONS.

Nour arrivons à la dernière spéculation entreprise à Masny pour la production de la viande et du fumier. Il s'agit de l'espèce ovine.

Les questions qui se présentent ici à l'étude de l'observateur ne sont pas moins intéressantes que toutes celles que la comptabilité excellente de la ferme ont permis d'approfondir sur les autres branches de l'exploitation rurale.

De 1842 à 1852, M. Fiévet faisait l'engraissement des moutons pour le compte d'un commissionnaire qui achetait et vendait à ses risques et périls. Voici quelles étaient les bases très-simples de la convention.

Le commissionnaire en bétail payait seulement les gages des bergers et les tourteaux que mangeait le troupeau. La ferme fournissait la pulpe de la sucrerie pour compléter la ration et elle se contentait pour sa rémunération de jouir du fumier produit dans l'étable et de l'enrichissement du sol par le parcage. Le croît du troupeau était entièrement le bénéfice du commissionnaire qui achetait son bétail maigre dans toutes les foires du pays ou même en Belgique; les moutons gras étaient conduits à Poissy.

Dans cette période, les agriculteurs n'attribuaient pas à la pulpe des sucreries la valeur qu'on lui reconnaît aujourd'hui. Ainsi, en 1852, on ne vendait la pulpe que 7 francs les 1,000 kilog.; en 1864, le prix de la pulpe payé par la ferme à la sucrerie était de 12 fr. 50 cent.

Il est maintenant d'usage dans les sucreries du Nord de livrer aux cultivateurs, au prix de 12 fr. 50 les 1,000 kilogr., une quantité de pulpe égale au cinquième du poids des betteraves qu'ils ont fournies. Lorsque les cultivateurs veulent une plus grande quantité de pulpe, ils la payent à raison de 15, 16 et même 18 fr.

On comprend qu'une nourriture d'un tel prix ne pourrait plus être livrée à un engraisseur rien que pour le fumier qu'elle laisserait après avoir été absorbée par un troupeau. Il est non moins juste d'ajouter que le commissionnaire donnait une quantité considérable de tourteaux afin d'amener le plus rapidement possible ses moutons à l'état d'être revendus dans un état de graisse satisfaisant. En raison de ce fait, le marché était peut-être moins onéreux pour le cultivateur qu'il ne paraît au premier abord.

Quoi qu'il en soit, ce mode de spéculation a cessé en juillet 1853. Depuis cette époque, le troupeau appartient à M. Fiévet. Il achète les moutons à un commissionnaire qui est censé prendre 75 centimes par tête pour sa rémunération; il vend généralement à des bouchers qui prennent livraison dans les bergeries. Les moutons qu'il préfère, parce qu'il leur a reconnu une plus grande aptitude à l'engraissement, proviennent de la Picardie; ils sont achetés le plus souvent aux foires qui se tiennent à Arras une fois par mois; le nombre des mâles domine toujours de beaucoup dans les achats.

Les moutons restent environ trois mois sur la ferme. Là on les entretient dans les bergeries de la fin de décembre à la fin de juin; on les fait parquer nuit et jour, sans les ramener à la ferme, de juillet à décembre.

Il y a une sortie de moutons gras et une entrée de moutons maigres presque continuelle. Néanmoins, on trouve préférable d'augmenter les achats des moutons maigres en décembre, parce qu'alors leur prix est moindre, l'habitude étant dans la contrée de les rentrer vers cette époque dans les fermes où souvent la nourriture fait défaut. La meilleure époque pour la vente est généralement la fin de l'hiver et pendant tout le printemps. Les moutons achetés vers la fin de l'année présentent l'avantage de donner après l'engraissement une toison que l'on prend avant de les livrer aux bouchers.

Voyons maintenant quels sont, depuis l'époque où M. Fiévet a entretenu un troupeau à son compte, les résultats qu'il a obtenus.

D'après ses livres, le solde définitif est une perte moyenne annuelle de 527 fr. 26 c. ou de 1 fr. 21 c. par tête de mouton.

Voici les détails année par année :

Années.	Nombre de têtes par jour en moyenne pendant l'année.	Recettes.	Dépenses.	Bénéfices.	Pertes.
		fr.	fr.	fr.	fr.
1853-54.	209	27,149.15	27,243.63	»	94.48
1854-55.	260	50,376.16	47,568.75	2,807.41	»
1855-56.	258	38,663.80	39,855.63	»	1,191,83
1856-57.	348	53,093.05	52,676.88	416.17	»
1857-58.	383	54,078.65	52,401.19	1,677.46	»
1858-59.	398	61,185.95	61,064.43	121.52	»
1859-60.	533	91,071.20	91,293.97	»	222.77
1860-61.	586	76,956.08	74,501.23	2,454.85	»
1861-62	566	79,663.96	86,649.75	»	6,985.79
1862-63.	587	79,739.42	83,385.34	»	3,645.92
1863-64.	633	110,773.56	111,910.11	»	1,136.55
Totaux.	4,761	722,750.98	728,550.91	7,477.47	13,277.34

Perte totale en onze ans. 5,799.93
Perte moyenne par an. 527.26

Ces résultats sont évidemment très-loin d'être brillants. Mais sont-ils de nature à inquiéter réellement les cultivateurs? Nous ne le croyons pas. Ils prouvent seulement que le fumier revient réellement à un prix plus élevé que celui auquel on le porte généralement dans les comptabilités agricoles, et que les matières fertilisantes, produites dans les fermes, sont obtenues à des prix qui se rapprochent davantage, lorsqu'on compte bien, de ceux des engrais industriels ou commerciaux. Cette conséquence ressortira de l'étude détaillée des comptes des quatre dernières années ci-dessus mentionnées.

EXERCICE 1860-1861.

Recettes.

	fr.
Bêtes vendues, 1,620 têtes.	60,782.30
Laine, 985 toisons pesant 3,690 kil.	7,613.90
98,501 journées de fumier à 0f.04.	3,940.04
115,496 journées de parcage à 0f.04.	4,619.84
Total.	76,956.08

Prix moyen des bêtes vendues : 37f.62.

Nous notons ici que les journées de parcage sont comptées au même prix que le séjournes de production de fumier à l'étable. Ce n'est pas juste, car le parcage représente de l'engrais tout transporté dans les champs et qui n'a subi aucune déperdition, ni par les infiltrations, ni par la fermentation.

Dépenses.

	fr.
Pulpe de sucrerie, 699,280 kil. valant. . . .	7,769.25
Tourteaux, 32,367 kil.	5,888.50
Foin ou nourriture verte traduite en foin 10,008 kil.	600.50
Grains (avoine, orge, petit blé, fèves) 2,270 kil.	417.60
Nourriture. . . .	14,675.85
	fr.
Paille pour litière, 56,863 kil.	1,975.05
Journées de chevaux pour le transport de la nourriture et des claies (165.25).	836.25
Gages des bergers et des domestiques. . . .	1,665.28
Achat de 1,529 moutons.	52,843.50
Dépenses diverses (matériels, etc.).	1.537.30
Total. . . .	73,533.23

A ajouter pour diminution de l'inventaire ci-dessous :

au 1er août 1860.		au 31 juillet 1861.		
583 moutons.	20,629.00	465 moutons.	19,305.00	
Matériel. . .	1,455.85	Matériel . .	1,811.85	
	22,084.85		21,116.85	968.00

Dépenses totales de l'année.	74,501.23
Bénéfices de l'exercice.	2,454.85

Prix moyen des moutons achetés : 34^{f}.56.

EXERCICE 1861-1862.

Recettes.

	fr.
Bêtes vendues, 1,788 têtes.	65,425.90
Laine, 890 toisons pesant 3,087 kil.	5,772.80
96,952 journées de fumier à 0^{f}.04.	3,878.08
109,662 journées de parcage à 0^{f}.04.	4,386.48
Nourriture payée par les bouchers ayant laissé des animaux achetés.	200.70
Total.	79,663.96

Prix moyen des bêtes vendues : 36^{f}.59.

Dépenses.

	fr.
Pulpe de sucrerie, 740,810 kil.	9,681.55
Tourteaux, 85,400 kil.	5,845.50
Foin ou nourriture verte traduite en foin, 27,466 kil.	1,647.95
Grains (petit blé), 980 kil.	189.50
Nourriture.	17,364.50
Paille pour litière, 58,350 kil.	2,100.60
Journées de chevaux pour transports (264.75). .	1,323.75
Gages des bergers et des domestiques. . . .	1,506.45
Achat de 1,843 moutons.	62,038.60
Dépenses diverses.	895.00
Total.	85,228.90

A ajouter pour diminution de l'inventaire :

au 1er août 1861.		au 31 juillet 1862.		
465 moutons.	13,305.00	498 moutons.	18,426	
Matériel . .	1,811.85	Matériel . .	1,270	
	21,116.85		19,696	1,420.85

Dépenses totales de l'année. .	86,649.75
Perte de l'exercice.	6,985.79

Prix moyen des moutons achetés : 33f.66

EXERCICE 1862-1863.

Recettes.

	fr.
Bêtes vendues, 1,839 têtes.	62,443.40
Laine, 3,890 kil.	8,719.50
119,115 journées de fumier à 0f.04.	4,764.60
95,298 journées de parcage à 0f.04.	3,811.92
Total.	79,739.42

Prix moyen des bêtes vendues : 33f.95.

Dépenses.

	fr.
Pulpe de sucrerie, 799,190 kil.	9,793.35
Tourteaux, 41,000 kil.	6,885.35
Foin ou nourriture verte traduite en foin sec, 12,586 kil.	755.22
Grains (petit blé et avoine), 5,749 kil. . . .	772.80
Nourriture. . . .	18,206.72

Report	18,206.72
Paille pour litière, 42,540 kil.	1,538.64
Journées de chevaux pour transports (106.5). .	532.50
Gages des bergers et des domestiques. . . .	1,522.35
Achat de 1,901 moutons.	60,767.70
Dépenses diverses (matériel, etc.).	3,314.48
Total.	85,882.39

A déduire pour augmentation de l'inventaire :

au 31 juillet 1862.		au 1er août 1863.		
498 moutons.	18,426	525 moutons.	18,985.00	
Matériel . . .	1,270	Matériel .	3,208.05	
	19,696		22,193.05	2,497,00

Dépenses totales de l'année. . .	83,385.34
Perte de l'exercice.	3,645.92

Prix moyen des moutons achetés : 31f.96

EXERCICE 1863-1864.

Recettes.

	fr.
Bêtes vendues, 2,511 têtes.	94,981.00
Laine, 2,682 kil.	6,538.72
141,304 journées de fumier à 0f.04.	5,652.15
99,667 journées de parcage à 0f.04.	3,586.68
Remboursement par des bouchers pour la nourriture de moutons laissés à la ferme après l'achat.	15.00
Total.	110,773.56

Prix moyen des bêtes vendues : 37f.82

Dépenses.

	fr.
Pulpe de sucrerie, 834,690 kil.	11,800.41
Tourteaux, 43,100 kil.	6,372.80
Foin ou nourriture verte traduite en foin sec, 12,996 kil.	779.75
Grains (petit blé, avoine), 1,526 k. 5. . . .	242.05
Drèche de distillerie de grains, 223,700 kil. .	1,152.50
Nourriture.	20,347.51
Paille pour litière, 87,504 kil.	3,150.15
Journées de chevaux pour transports (262.25). .	1,211.25
Gages des bergers et des domestiques. . . .	1,601.70
Achat de 2,399 moutons.	80,032.00
Dépenses diverses (matériel, etc.)	1,218.50
Total.	107,561.11

		Report.		107,561.11
A ajouter pour diminution de l'inventaire :				
au 1er août 1864	fr.	au 31 juillet 1864	fr.	
525 moutons.	18,985.00	391 moutons.	14,636.00	
Matériel. . .	3,208.05	Matériel. . .	3,208.05	
	22,193.05		17,844.05	4,349.00
		Dépenses totales de l'année		111,910.11
		Perte de l'exercice.		1,136.55

Prix moyen des bêtes achetées : 33f.36.

En résumant les résultats obtenus pendant ces quatre exercices, nous trouvons qu'à Masny le prix de vente des moutons engraissés et les prix d'achat des moutons gras ont été en moyenne les suivants :

Exercices.	Prix moyen des moutons vendus. fr.	Prix moyen des moutons achetés. fr.	Écart entre le prix de vente et le prix d'achat. fr.
1860-61.	37.52	34.56	2.96
1861-62.	36.59	33.66	2.93
1862-63.	33.95	31.96	1.99
1863-64.	37.82	33.36	4.46
Moyenne. . .	36.47	33.38	3.09

On peut estimer dans le département du Nord le prix moyen du kilogramme de poids vif du mouton gras à 70 cent. Le poids moyen des moutons vendus à Masny a dû, par conséquent, être de 52 à 53 kilogrammes. Nous faisons ici une évaluation, car, à Masny, on n'a pas l'habitude de peser les moutons, ni à l'entrée, ni à la sortie. C'est un progrès qu'on devra réaliser. Nous ne pouvons, dans l'état des choses, apprécier ni le prix du poids vif, à l'état maigre, ni le prix des animaux pendant leur séjour dans la ferme. Toutefois, il est certain que, dans le département du Nord, les moutons maigres sont très-chers, à cause de la concurrence excessive des agriculteurs sur les marchés.

La durée moyenne du séjour d'engraissement a été de 3 mois pendant les 3 premiers exercices; dans le dernier (1863-64), elle n'a été que 2 mois 6 dixièmes. Il y a avantage à pousser l'engraissement le plus vite possible, et d'un autre côté, comme nous l'avons déjà dit, à diriger les ventes et les achats de manière à tirer du troupeau la plus grande quantité possible de laine.

Les quantités de laine vendues et le prix moyen du kilogramme ont été :

Exercices.	Nombre des toisons.	Poids de laine vendue.	Prix du kilogramme. fr.
1860-61.	985	3,690	2.06
1861-62.	870	3,087	1.87
1862-63.	1,112	3,890	2.24
1863-64.	766	2,682	2.43
	Prix moyen du kilog. de laine. . . .		2. 15

La laine obtenue est généralement grossière et longue; elle se vend pour les fabriques de Turcoing. Quand il se trouve, dans le troupeau, des mérinos ou des croisés-mérinos, la vente se fait pour les fabriques des environs d'Avesnes; les marchands en offrent un prix moindre que pour la laine plus longue, mais moins fine. C'est la longueur de brin qui est particulièrement recherchée dans les toisons des troupeaux d'engraissement, où la toison n'a qu'exceptionnellement toute son année de croissance.

La laine est toujours vendue en suint.

Nous venons de voir que l'écart moyen, entre le prix de

vente et celui de l'achat, est de 3 fr. 09 par tête. Pour avoir le produit réel de chaque tête en argent, il faut ajouter à cette somme le produit de la laine. En faisant ce calcul, nous obtenons pour chaque exercice :

Exercices.	Nombre des moutons vendus.	Frais du prix de vente sur le prix d'achat par tête. fr.	Prix de la laine répartie sur chaque tête vendue. fr.	Produit total en argent de chaque tête de mouton. fr.
1860-61.	1,620	2.96	4.69	7.65
1861-62.	1,788	2.93	3.22	6.15
1862-63.	1,839	1.99	4.73	6.72
1863-64.	1,511	4.46	2.60	7.06
	Moyennes. .	3.09	3.84	6.90

Ainsi, en moyenne, 10 moutons produisent 69 fr. en argent. Nous avons vu, en parlant de l'engraissement des bêtes bovines (chap. XXIV, p. 186), que chaque tête engraissée a produit une fois 89 fr. 60, une autre fois 66 fr. 05, et une troisième 111 fr. 18. Ainsi, comme tous les agronomes l'estiment généralement, il faut au moins 10 moutons pour représenter une tête de gros bétail.

On remarquera que, dans les trois derniers exercices, le *compte-mouton* s'est soldé en perte, et qu'en 1860-61, au contraire, il y a eu bénéfice. Les résultats définitifs de chaque année ont bien été en rapport avec le produit en argent qu'a donné chaque tête : bénéfice dans le premier exercice où le produit a été le plus grand; perte d'autant plus forte que le produit par tête a été moindre.

Avec 7 fr. 40 par tête, on équilibre les recettes et les dépenses; il faudrait un moindre produit en argent, si le prix de la journée de parcage était compté à un taux plus élevé que celui de la journée du fumier fait à l'étable. Nous avons vu que les prix sont portés à 4 centimes par tête dans la comptabilité de Masny. Nous avons dit, en outre, que la journée de parcage devrait être estimée davantage, puisqu'elle représente du fumier tout transporté, et que, d'un autre côté, le transport dans les champs, de la nourriture (pulpe et tourteau), est porté au compte des moutons, tandis que pour les autres animaux, on ne compte pas l'apport de la nourriture dans les étables, ni le transport des fumiers de la ferme aux champs.

A Masny, on met 500 moutons dans un parc formé de 48 claies, mesurant un peu plus de deux mètres chacune, de telle sorte que, le croisement fait, chaque claie a une protée de deux mètres. La surface du parc, pour 500 moutons, est, en conséquence, 1m.45 par mouton du poids moyen de 50 kilogrammes. Les claies sont en planches légères de peuplier assemblées par de petits montants.

Le parcage commence en juin, aussitôt après la rentrée des trèfles, il se continue jusque dans le courant de décembre. Le berger promène ordinairement son troupeau depuis 11 heures du matin jusque vers 6 heures du soir, et lui faisant manger d'abord les trèfles, plus tard quelques *colzatières*, puis l'herbe des champs après la récolte des lins, ensuite les guérets des céréales, enfin les feuilles et les collets des betteraves, dont on commence l'arrachage dès la seconde quinzaine de septembre. C'est à cette époque que l'on trouve le plus grand profit dans l'engraissement des moutons; ces animaux sont très-friands d'une nourriture qui serait perdue sans l'emploi d'un troupeau.

La vaine pâture existe dans le canton. Les troupeaux ont le droit de circuler librement dans les champs qui ne sont pas considérés comme des pâtures, c'est-à-dire sur les guérets de blé, d'avoine ou d'autres céréales, de colza et de lin. Ils n'ont pas le libre parcours dans les prairies, ni dans les champs de betteraves, même après l'enlèvement de ces dernières.

Les cultivateurs habitant la commune, aussi bien que ceux qui habitent une commune voisine, ont le droit d'avoir 4 moutons par hectare en culture, à condition de demander un cantonnement au maire. Comme le nombre total des moutons entretenus sur le territoire communal est généralement inférieur au quadruple du nombre d'hectares, les cultivateurs habitant la commune et qui possèdent plus de 25 hectares peuvent augmenter leur troupeau jusqu'à concurrence de la limite du contingent, mais ce droit est refusé aux cultivateurs *forains* (étrangers à la commune), selon l'arrêté préfectoral du Nord, en date du 1er floréal de l'an XII.

A chaque troupeau est assigné un cantonnement spécial, après expertise provoquée par le sous-préfet de l'arrondissement et les parties entendues. Il est évident que le nombre de 4 moutons par hectare, au plus, a été fixé bien arbitrairement par le préfet de l'an XII. Alors on ignorait que l'on doit tendre à accroître de plus en plus le bétail pour augmenter la fertilité du sol; alors aussi on n'imaginait pas que les agronomes demanderaient aux bons cultivateurs de chercher à élever une tête de gros bétail ou 10 têtes d'espèce ovine par hectare. Mais laissons cette question, et revenons à la manière dont le parcage est conduit par les bergers de Masny.

Le troupeau, entrant au parc vers six heures du soir, prend généralement un repas de pulpe de sucrerie, gradué sur le plus ou moins de nourriture que les animaux ont pu ramasser pendant le parcours dans le pâturage. On change le parc vers trois heures du matin. A ce moment, les moutons reçoivent un nouveau repas de pulpe, disposée à proximité dans des rateliers-crèches, dus à M. Pluchet, et qui seront décrits dans le chapitre suivant. Pendant que le troupeau mange, on transporte les claies à leurs nouvelles places. Le troupeau rentré dans le parc, y reste jusques vers onze heures du matin.

La proportion de pulpe consommée par tête, varie de 1 kilog. 5 à 4 kilog.; le minimum se présente en septembre et en octobre.

Ainsi, en résumé, on donne deux coups de parc par jour avec 500 moutons, et on fume ainsi 11 ares 52 centiares. Il faut de 8 à 9 jours (8j.681) pour parquer un hectare. A raison de 4 centimes que l'on a comptés pour la fumure produite par une tête de mouton, on trouve 20 fr. par jour ou 173 fr. 60 par hectare. La quantité des déjections ne peut pas être estimée à moins de 5 kil. par tête, pour les 17 heures de parcage, et, par conséquent, la fumure d'un hectare, pour le parcage, correspond à 21,100 kil. de déjections de moutons, tant solides que liquides. La valeur intrinsèque de ces déjections est à celle du fumier ordinaire comme 3 est à 2. On peut donc estimer que le parcage, à Masny, équivaut à une fumure de 32,550 kil. de fumier de ferme. Or, à 6 fr. les 1,000 kil., estimation de la valeur du fumier dans les comptes actuels, cette quantité correspondrait à 195 fr. Notons d'ailleurs qu'elle est toute conduite et toute répandue. Nous ne devons pas oublier de rappeler que les moutons à Masny ont un poids moyen d'environ 50 kilog., tandis que les estimations ordinaires de la valeur du parcage dans la Brie ou la Beauce portent sur des moutons du poids moyen de 30 kilogrammes.

A Masny, le parcage n'est employé que pour les terres destinées à porter des betteraves. Immédiatement après le parcage, on s'empresse de labourer légèrement, s'il s'agit d'une terre trop tassée, ou qui n'a pas reçu de façons préparatives, ou bien on donne un coup du binot qui a été décrit en son lieu (chap. XIX, p. 133).

Ainsi, l'engraissement du mouton dans le département du Nord constitue une spéculation qui au fond présente, malgré les apparences, des avantages certains. Elle fournit une fumure économique, à laquelle on reproche toutefois, avec raison, de ne produire qu'un effet annuel; elle donne en outre le moyen de faire consommer une grande quantité de débris végétaux qui, abandonnés à la simple destruction par la fermentation spontanée, seraient presque perdus pour la fertilisation des terres.

Quant au prix de revient du mouton par jour, il est, en le comparant à celui du gros bétail, à peu près dans le rapport de 1 à 10 comme pour le produit en argent lui-même. En effet, d'après les détails donnés plus haut, on calcule facilement les coûts de la valeur de la journée en nourriture et en entretien ainsi qu'il suit, non compris, bien entendu, la valeur de la nourriture trouvée par le troupeau dans les champs :

Exercices.	Prix de revient de la nourriture par tête et par jour.	Entretien par tête et par jour (litière, gages, etc).	Prix de revient total par tête et par jour.
	cent.	cent.	cent.
1860-61.	6.8	2.8	9.6
1861-62.	8.4	2.8	11.2
1862-63.	8.7	3.2	11.9
1863-64.	8.8	3.2	11.9
Moyennes.	8.2	3.0	11.2

Ainsi, pour 10 têtes ovines, nous trouvons une dépense de 1f.12. Pour une vache laitière, nous avons trouvé 1f.73, et pour une vache à l'engraissement 0f.99. Le poids moyen de dix moutons engraissés est aussi égal à peu près à celui d'une vache au moment où on la livre à la boucherie.

La culture des betteraves dans le département du Nord, en s'étendant de plus en plus, a conduit rationnellement les agriculteurs à entreprendre l'engraissement des moutons pour faire consommer les collets et les feuilles de ces racines. Est-ce à dire que l'élevage de l'espèce ovine ne pourrait pas donner de bons résultats? On pense généralement que la nourriture à la pulpe ne conviendrait ni aux mères ni aux jeunes agneaux, et, comme on manque de pâturages, on ne se hasarde pas à entreprendre une spéculation dont on est détourné d'ailleurs par les soins donnés à une culture très-intensive.

CHAPITRE XXX

UNE CRÈCHE POUR LES MOUTONS.

En parlant de la nourriture donnée aux moutons, soit dans la bergerie, soit dans les champs, nous avons dit plus haut que M. Fiévet se servait à cet effet de râteliers-crèches dont l'invention est due à M. Emile Pluchet, agriculteur à Trappes (Seine-et-Oise).

Ces râteliers-crèches sont représentés en élévation[1], en plan et en coupe, dans les trois figures 25, 26 et 27, dessinées au 40e de l'échelle, soit à raison de 2 centimètres et demi par mètre.

M. Fiévet se loue beaucoup de l'emploi de ces crèches-râteliers, qui peuvent être simples ou doubles et qui consistent essentiellement en une auge en bois, longue de 4 mètres environ, et supportée par deux pieds à chaque extrémité. Perpendiculairement aux faces qui terminent les auges, se trouve attachée une potence. Une grille en gros fil de fer, pivotant le long du rebord postérieur de l'auge, peut s'abaisser de manière à fermer cette auge ou bien se relever pour s'accrocher aux potences de manière

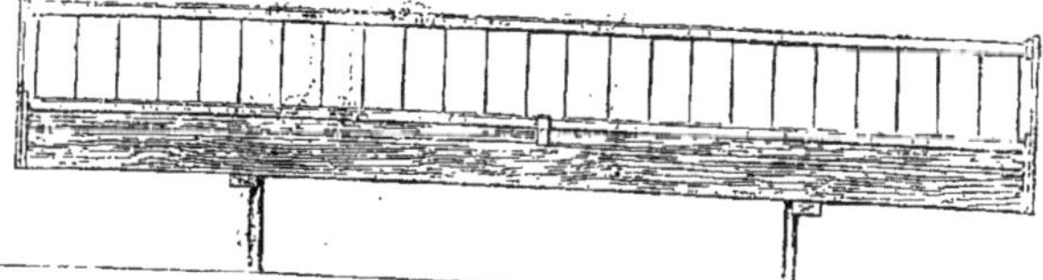

Fig. 25. — Élévation du râtelier-crèche, système Pluchet, employé sur la ferme de M. Fiével, à Masny (Nord).

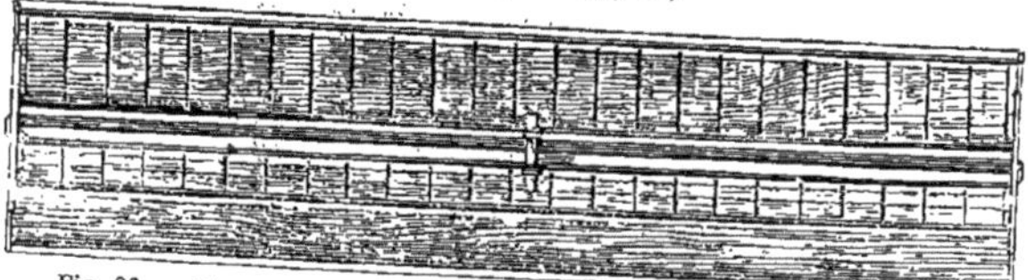

Fig. 26. — Plan d'un râtelier-crèche double, système Pluchet, abaissé sur le rang postérieur, relevé sur le rang antérieur.

Fig. 27. — Coupe transversale d'un râtelier-crèche double, système Pluchet.

à former râtelier. La grille est composée seulement de deux tringles longitudinales en fer et de 25 tiges perpendiculaires qui forment les barreaux du râtelier. Il y a ainsi place pour donner à manger à 24 moutons dans une auge simple.

Lorsqu'on veut faire manger de la pulpe, après l'avoir

placée dans l'auge, on abaisse le cadre et on empêche ainsi les moutons, qui sont très-friands de cette nourriture,

Fig. 28. — Moutons prenant un repas dans les champs, au moyen des crèches-ratelliers, du système Pluchet.

de venir la gâcher : chacun est obligé, pour manger, de mettre la tête dans un des compartiments formés, sans pouvoir gêner ou chasser ses voisins.

Les râteliers-crèches simples sont surtout employés pour être mis le long des murs. Les râteliers doubles servent soit dans les champs, soit pour le milieu des bergeries.

La figure 28 représente les divers emplois au milieu d'un champ, et pendant un repas de moutons, de cet excellent appareil.

CHAPITRE XXXI

COMPARAISON DU BÉTAIL ENTRETENU A L'ÉTENDUE DES TERRES CULTIVÉES A MASNY.

Les détails que nous avons donnés dans les chapitres précédents nous permettent maintenant de présenter un résumé doublement intéressant de la culture de Masny; nous pouvons rapprocher l'état des cultures de celui du bétail entretenu pendant onze années consécutives.

Ce rapprochement nous permettra de mesurer en quelque sorte les progrès accomplis; car on sait qu'on peut estimer la puissance de fécondité d'une terre par le nombre de têtes de gros bétail qui y prennent leur nourriture et y produisent du fumier. C'est même là la base que devraient prendre essentiellement les propriétaires dans les baux qu'ils proposent à leurs fermiers, à la place d'un grand nombre de stipulations restrictives qui, sous prétexte d'empêcher l'épuisement des terres, ne font que gêner l'initiative des cultivateurs et souvent arrêter le développement des améliorations. Ainsi, la défense de faire des betteraves, ou d'en vendre, ou de cultiver telle ou telle autre plante industrielle, n'a plus, par exemple, aucune raison d'être lorsque le fermier nourrit une quantité minimum de bétail dont il est juste de lui imposer l'entretien d'une manière constante pendant toute l'année.

Voyons d'abord, en ce qui concerne Masny, et, année par année, le tableau général des animaux domestiques entretenus.

Pour faire les totaux, on a compté 10 têtes de l'espèce ovine et 5 têtes d'élèves de l'espèce bovine pour 1 tête de gros bétail. On a eu soin, d'ailleurs, de supputer les existences pendant tous les jours de l'année, en prenant toutes les journées de présence effective. On a obtenu les résultats suivants :

Exercices.	Chevaux.	Bœufs de trait.	Vaches.	Taureaux.
1852-53.	27	11	13	1
1853-54.	27	10	15	"
1854-55.	29	8	14	"
1855-56.	28	7	15	2
1856-57.	30	7	14	1
1857-58.	32	5	6	1
1858-59.	30	3	5	"
1859-60.	31	1	3	1
1860-61.	42	1	6	1
1861-62.	40	"	7	1
1862-63.	37	"	7	1
1863-64.	37	"	7	1

Exercices.	Elèves de l'espèce bovine.	Bêtes bovines à l'engrais.	Moutons à l'engrais.	Totaux des têtes de gros bétail.
1852-53.	8	30	300	113
1853-54.	10	34	209	109
1854-55.	5	17	260	95
1855-56.	6	21	258	98
1856-57.	6	31	348	117
1857-58.	7	49	383	133
1858-59.	5	63	398	142
1859-60.	2	62	533	162
1860-61.	"	61	586	170
1861-62.	7	77	566	183
1862-63.	8	86	587	191
1863-64.	8	126	633	236

Un coup d'œil jeté sur la dernière colonne montre que depuis 1854 la population des animaux domestiques a constamment suivi une progression croissante, signe certain d'une amélioration continue. Cette augmentation absolue du bétail ne provient pas d'ailleurs de l'extension de la ferme dont MM. Fiévet frères ont peu à peu accru l'importance par des achats de terre ; on va voir que la population animale par hectare s'est réellement élevée à Masny. Voici, en effet, le résumé des cultures réparties année par année et, pour chaque annnée, le rapport du bétail à la surface de l'exploitation :

Exercices.	Blé. — hectares.	Lin. — hectares.	Betteraves. — hectares.	Avoine. — hectares.
1852-53. . .	65.12	8.48	68.50	10.06
1853-54. . . .	61.56	9.72	69.29	9.95
1854-55. . .	57.99	9.95	66.48	11.81
1855-56. .	61.39	7.95	64.59	9.69
1856-57. .	59.09	10.06	73.70	9.72
1857-58. . .	66.36	9.72	71.78	12.63
1858-59. .	67.49	14.36	68.28	10.51
1859-60. . .	66.42	11.76	63.60	15.65
1860-61. . .	68.96	14.72	60.48	10.74
1861-62. . .	72.13	10.56	65.17	11.76
1862-63. . .	68.85	15.71	68.65	12.27
1863-64. . .	73.14	22.22	72.12	15.49

Exercices.	Seigle. — hectares.	Prairies artificielles. — hectares.	Prairies naturelles. — hectares.	Féveroles. — hectares.
1852-53. . .	4.62	12.00	3.00	5.65
1853-54. . .	2.60	12.21	6.33	6.67
1854-55. . .	3.49	14.92	3.39	6.56
1855-56. . .	4.52	13.45	3.39	5.08
1856-57. . .	3.62	12.77	3.39	5.79
1857-58. . .	3.28	12.38	3.39	7.46
1858-59. . .	4.52	10.70	1.92	5.48
1859-60. . .	1.58	14.70	1.92	5.20
1860-61. . .	3.73	16.28	1.02	4.52
1861-62. . .	5.71	11.98	3.50	3.62
1862-63. . .	3.28	10.97	3.50	3.62
1863-64. . .	4.52	10.97	4.88	6.39

Exercices.	Hivernages. — hectares.	Petites cultures, jardins, etc. — hectares.	Totaux des terres cultivées. — hectares.	Tête de gros bétail, par — hectare.
1852-53. . .	3.50	5.00	185.93	0.60
1853-54. . .	2.26	5.00	185.59	0.58
1854-55. . .	4.07	5.00	183.66	0.51
1855-56. . .	4.86	5.00	179.92	0.54
1856-57. . .	2.60	5.00	185.74	0.62
1857-58 . .	3.62	5.00	195.62	0.68
1858-59. . .	5.14	5.00	193.40	0.73
1859-60. . .	2.60	5.00	188.38	0.80
1860-61. . .	5.65	5.00	191.10	0.88
1861-62. . .	3.39	5.00	192.82	0.95
1862-63. . .	1.58	5.00	193.42	0.98
1863-64. . .	4.75	5.00	219.48	1.07

La dernière colonne de ce tableau présente le plus grand intérêt, puisqu'elle montre que l'on a fini par dépasser à Masny cette proportion de 1 tête de gros bétail par hectare, que l'on regarde comme une sorte d'idéal vers lequel doivent tendre tous les efforts des bons cultivateurs.

Chose à noter encore. Depuis que M. Fiévet a obtenu la Prime d'honneur, les améliorations ont continué, et la proportion du bétail par hectare s'est accrue. Le lauréat ne s'est pas reposé après la lutte.

On va voir, d'ailleurs, qu'outre le fumier produit par tout son bétail, M. Fiévet emploie une énorme quantité d'engrais industriels et commerciaux, sans compter les irrigations avec les eaux de la sucrerie de Masny, innovation considérable dans l'agriculture du Nord.

CHAPITRE XXXII

COMPTE DES ENGRAIS.

Nous avons successivement passé en revue tous les comptes des cultures et du bétail de la ferme de Masny. Nous avons vu à quel prix étaient portés, dans les comptes des écuries, vacheries, bergeries et étables, ainsi que dans le parcage, tous les engrais produits par la ferme. Ces engrais sont pris en charge par un compte particulier qui les livre aux diverses pièces de terre dans les conditions que nous avons exposées en rendant compte de chaque culture spéciale. Le *compte engrais* se décharge ainsi des quantités qui y sont entrées, et, à chaque inventaire, le *doit* et l'*avoir* se trouvent balancés par les quantités d'engrais qui doivent rester dans les magasins ou dans la fosse à fumier.

Les terres de la ferme de Masny n'ont été amenées au

haut degré de fertilité que nous avons constaté en exposant les détails des cultures, qu'au moyen de l'emploi d'une très-grande quantité d'engrais. Ceux-ci ont été, soit produits dans la ferme par le nombreux bétail qui s'y trouve entretenu, soit achetés dans le commerce ou pris dans l'industrie. Ces derniers consistent en écumes de défécation de sucrerie ou en tourteau de colza, auquel, depuis peu de temps, on substitue, en partie, du tourteau d'arachide. Quant aux engrais de la ferme, ils sont fournis par le fumier des écuries, des étables et des bergeries. On fait l'enlèvement tous les jours dans les écuries et les étables; les bergeries sont vidées tous les deux ou trois mois. Le tout est porté sur la fosse à fumier, au compte particulier de chaque établissement producteur. Les manipulations qu'il faut faire sur le tas de fumier pour le ranger et l'arroser forment les dépenses du compte-fumier qui, pendant les onze exercices relatés en détail dans notre étude, s'est établi ainsi qu'il suit :

Exercices.	Fumier restant de l'inventaire précédent.	Fumier produit pendant l'exercice.	Dépenses en journées d'ouvriers et de chevaux.	Totaux des prises en charge.
	fr.	fr.	fr.	fr.
1853-54. .	1,996.96	12,967.20	47.80	15,011.96
1854-55. . .	3,565.44	11,248.35	25.15	14,858.04
1855-56. . .	2,858.56	10,800.56	16.75	13,706.86
1856-57. . .	4,228.31	14,449.90	29.80	18,708.01
1857-58. . .	2,324.31	14,981.40	58.25	17,363 96
1858-59. . .	514.24	15,456.55	17.95	16,018 74
1859-60. . .	7,779.56	17,332.82	3.70	25,116.08
1860-61. . .	8,418.20	17,046.54	19.00	25,483.74
1861-62. . .	9,061.66	18,690.92	204.20	27,456.78
1862-63. . .	7,259.76	20.227.62	28.55	25,519.93
1863-64. .	6,649.93	21,467.30	81.80	31,199.03

Tous ces chiffres sont bien d'accord avec les détails que nous avons donnés dans les chapitres particuliers consacrés aux écuries, aux étables et aux bergeries. Voici, du reste, les résumés pour les trois dernières années indiquées ci-dessus :

	1861-62	1862-63	1863-64
	fr.	fr.	fr.
Chevaux de la ferme. . .	2,468.10	2,200.00	2,192.90
Chevaux particuliers. . .	331.20	175.80	175.80
Vacherie	987.75	1,103.50	1,244.50
Bêtes à cornes en pension.	6,515.50	297.75	42 75
Bêtes à cornes à l'engraissement	"	7,865.50	11,558.25
Moutons	8,264.52	8,576.47	9,238.75
Basse-cour	123.85	8.60	14.35
Totaux	18,690.92	20,227.62	24,467.30

Ces nombres représentent les valeurs attribuées au fumier d'après les bases qui ont été précédemment exposées et discutées.

Nous avons maintenant à voir la répartition de cette masse considérable de matières fertilisantes entre les différentes cultures.

Les frais de transport sont portés aux comptes spéciaux de chaque culture. Nous devons uniquement supputer ici les quantités et les valeurs année par année. Nous trouvons les résultats suivants :

Exercice 1853-54.

		fr.
Betteraves 1854. .	1,542,000 kil de fumier à 5 fr. les 1000 kil	7,710.00
	24,118 journées de parcages à 0f.04. . .	964.72
Avoine 1854.	30,600 kil. de fumier à 5 fr.	1,530.00
Fèves 1854.	154,000 kil. fumier à 5 fr.	770.00
Betteraves 1855. .	6,795 journées de parcage.	271.80
Choux 1854.	5,000 journées de parcage.	200.00
	Valeur totale du fumier employé.	11,446.52

Exercice 1854-55.

		fr.
Betteraves 1855..	1,362,000 kil. de fumier à 5 fr. les 1000 kil.	6,810.00
	37,640 journées de parcage à 0f.04. . . .	1,505.60
Choux 1854......	3,962 journées de parcage à 0f.04. . . .	158.48
Avoine 1855.....	486,000 kil. de fumier à 5 fr.	2,430.00
Fèves 1855......	24,000 kil. de fumier à 5 fr.	120.00
Betteraves 1856..	9,658 journées de parcage à 0f.04. . . .	386.30
Blé 1856........	108,000 kil. de fumier à 5 fr. les 1000 kil	540.00
	Valeur totale du fumier employé.	11,950.38

Exercice 1855-56.

		fr.
Blé 1856........	68,000 kil. de fumier à 5 fr. les 1000 kil.	340.00
Betteraves 1856..	1,318,000 kil. de fumier à 5 fr. les 1000 kil.	6,900.00
	49.709 journées de parcage à 0f.04. . . .	1,907 55
Fèves 1856.......	64,000 kil. de fumier à 5 fr. les 1000 kil.	320.00
Choux 1856......	64,000 kil. de fumier à 5 fr. les 1000 kil. .	327.00
	Valeur totale du fumier employé.	9,470.55

Exercice 1856-57.

		fr.
Betteraves 1857..	2,275,500 kil. de fumier à 5 fr. les 1000 kil.	11,377.50
	65,211 journées de parcage à 0f.04. . . .	2,608.44
Fèves 1857......	126,000 kil. de fumier à 5 fr. les 1000 kil.	630.00
Avoine 1857.....	114,000 kil. de fumier à 5 fr. les 1000 kil.	570.00
Blé 1858........	24,000 kil. de fumier à 5 fr. les 1000 kil.	120.00
Choux 1857......	30,000 kil. de fumier à 5 fr. les 1000 kil. .	150.00
Betteraves 1858..	23,198 journées de parcage à 0f.04. . . .	927.76
	Valeur totale du fumier employé.	16,383.70

Exercice 1857-58.

		fr.
Betteraves 1858..	1,412,000 kil. de fumier à 5 fr. les 1000 kil.	7,060.00
	80,243 journées de parcage à 0f.04. . . .	3,209.72
Fèves 1858......	423,500 kil. de fumier à 5 fr. les 1000 kil.	2,117.50
Avoine 1858.....	246,500 kil. de fumier à 6 fr. les 1000 kil..	1,232.60
Betteraves 1859..	590,000 kil. de fumier à 5 fr. les 1000 kil.	2,950.00
Prairies artificielles 1858.......	51,000 kil. de fumier provenant de paille évaluée en fumier	250.08
	Valeur totale du fumier employé	16,819.74

Exercice 1858-59.

		fr.
Betteraves 1859..	100,000 kil. de fumier à 5 fr. les 1000 kil.	500.00
	80,542 journées de parcages à 0f.05 . . .	3,221.70
Avoine 1857.....	425,000 kil. de fumier à 5 fr. les 1000 kil.	2,125.00
	17,644 journées de parcage à 0f.04. . . .	705.90
Fèves 1859......	295,000 kil. de fumier à 5 fr. les 1000 kil.	1,475.00
	5,293 journées de parcage à 0f.04.	211.72
Valeur totale du fumier employé.		8,239.18

Exercice 1859-60.

		fr.
Betteraves 1860..	1,767,500 kil. de fumier à 5 fr. les 1000 kil.	8,837.50
	82,847 journées de parcage à 0f.04. . . .	3,313.88
Avoine 1860.....	745,000 kil. de fumier à 5 fr. les 1000 kil	3,725.00
Betteraves 1861..	647,500 kil. de fumier à 5 fr. les 1000 kil.	337.50
	12,000 journées de parcage à 0f.04 . . .	484.00
Valeur totale du fumier employé.		16,697.88

Exercice 1860-61.

		fr.
Betteraves 1861..	1,625,000 kil. de fumier à 5 fr. les 1,000 kil	8,125.00
	86,422 journées de parcage à 0f.04. . . .	3,456.88
Avoine 1861.....	437,500 kil. de fumier à 5 fr. les 1,000 kil.	2,187.50
Fèves 1861......	337,500 kil. de fumier à 5 fr. les 1,000 kil.	1,687.50
Betteraves 1862..	24,130 journées de parcage à 0f.04. . . .	965.20
Valeur totale du fumier employé.		16,422.08

Exercice 1861-62.

		fr.
Betteraves 1862..	2,312,500 kil. de fumier à 6 fr. les 1,000 kil	8,125.00
	79,894 journées de parcage à 0f.04. . . .	3,195.76
Prairies naturelles 1862.......	90,000 kil. de fumier à 6 fr. les 1,000 kil.	540.00
Fèves 1862.....	310,000 kil. de fumier à 6 fr. les 1,000 kil.	1,860.00
Avoine 1862.....	322,500 kil. de fumier à 6 fr. les 1,000 kil.	1,935.00
Betteraves 1863..	225,000 kil. de fumier à 6 fr. les 1,000 kil	1,358 00
	24,719 journées de parcage à 0f.04. . . .	938.76
Valeur totale du fumier employé.		22,697.02

Exercice 1862-63.

		fr.
Betteraves 1863..	1,592,500 kil. de fumier à 6 fr. les 1,000 kil.	9,550.00
	62,991 journées de parcage à 0f.04. . . .	2,519.65
Blé 1863........	30,000 kil. de fumier à 6 fr. les 1,000 kil.	180.00
Avoine 1863.....	550,000 kil. de fumier à 6 fr. les 1,000 kil.	3,300.00
Fèves 1863......	262,500 kil. de fumier à 6 fr. les 1,000 kil.	1,575.00
Betteraves 1864..	37,769 journées de parcage à 0f.04. . . .	1,510.75
Blé 1864........	5,640 journées de parcage à 0f.04	225.00
	Valeur totale du fumier employé.	18,866.00

Exercice 1863-64.

		fr.
Betteraves 1864..	2,057,500 kil. de fumier à 6 fr. les 1,000 kil.	12,345.00
	9,772 journées de parcage à 0f.04	390.80
Fèves 1864......	115,000 kil de fumier à 6 fr. les 1,000 kil.	690.00
Avoine 1864.....	915,000 kil. de fumier à 6 fr. les 1,000 kil.	5,490.00
Prairies naturelles 1864.......	640 hectol. purin égal à 95,000 kil. de fumier à 6 fr. les 1,000 kil.	570.00
	Valeur totale du fumier employé.	19.485.80

Comme la dernière prise en charge porte la valeur du fumier à 31,199fr.03, et qu'il n'en a été réparti que pour 19,485 fr.80 sur les diverses cultures, il en reste pour 11,614 fr.83 dans la fosse à fumier et les bergeries pour l'exercice 1864-65.

Les nombres ci-dessus représentent les quantités réelles livrées aux terres qui ont porté les récoltes indiquées, sans s'occuper de savoir ce qui pourrait rester pour les cultures futures.

En résumé, on trouve que, pendant les onze années, chacune des cultures a reçu les fumures suivantes en fumier de ferme :

BETTERAVES.

Exercices.	Fumier. Poids. kil.	Fumier. Valeur. fr.	Parcage. Valeur. fr.	Totaux. fr.
1853-54. . .	1,542,000	7,710.00	1,236.52	8,946.52
1854-55. . .	1,362,000	6,810.00	1,891.90	8,701.90
1855-56. . .	1,318,000	6,590.00	1,907.55	8,497.55
1856-57. . .	2,275,500	11,377.50	3,535.76	14,913.26
1857-58. . .	2,002,000	10,010.00	3,209.72	13,219.72
1858-59. . .	100,000	500.00	3,221.70	3,721.70
1859-60. . .	1,835,000	9,175.00	3,797.88	12,972.88
1860-61. . .	1,625,000	8,125.00	4,422.08	12,547.08
1861-62. . .	2,537,500	14,177.50	4,184.52	18,362.02
1862-63. . .	1,592,500	9,550.00	4,030.40	13,580.40
1863-64. . .	2,057,500	12,345.00	390.80	12,735.80
Totaux. .	18,246,000	96,370.00	31,828.83	128,198.83

BLÉ.

Exercices.	Poids du fumier. kil.	Valeur du fumier. fr.	Valeur du parcage. fr.	Totaux. fr.
1853-54. . . .	〃	〃	〃	〃
1854-55. . . .	108,000	540.00	〃	540.00
1855-56. . . .	68,000	340.00	〃	340.00
1856-57. . . .	24,000	120.00	〃	120.00
1857-58. . . .	〃	〃	〃	〃
1858-59. . . .	〃	〃	〃	〃
1859-60. . . .	〃	〃	〃	〃
1860-61. . . .	〃	〃	〃	〃
1861-62. . . .	〃	〃	〃	〃
1862-63. . . .	30,000	180.00	225.00	405.00
1863-64. . . .	〃	〃	〃	〃
Totaux. . .	230,000	1,180.00	225.00	1,405.00

AVOINE.

Exercices.	Poids du fumier. kil.	Valeur du fumier. fr.	Valeur du parcage. fr.	Totaux. fr.
1853-54. . .	306,000	1,530.00	〃	1,530.00
1854-55. . .	486,000	2,430.00	〃	2,430.00
1855-56. . .	〃	〃	〃	〃
1856-57. . .	114,000	570.00	〃	570.00
1857-58. . .	246,500	1,232.50	〃	1,232.50
1858-59. . .	425,000	2,125.00	705.76	2,830.76
1859-60. . .	745,000	3,725.00	〃	3,725.00
1860-61. . .	437,500	2,187.50	〃	2,187.50
1861-62. . .	322,500	1,935.00	〃	1,935.00
1862-63. . .	550,000	3,300.00	〃	3,300.00
1863-64. . .	915,000	5,490.00	〃	5,490.00
Totaux. . .	4,547,500	24,525.00	705.76	25,230.76

16

FÈVES.

Exercices.	Poids du fumier. kil.	Valeur du fumier. fr.	Valeur du parcage. fr.	Totaux. fr.
1853-54. . .	154,000	770.00	"	770.00
1854-55. . .	24,000	120.00	"	120.00
1855-56. . .	64,000	320.00	"	320.00
1856-57. . .	126,000	630.00	"	630.00
1857-58. . .	423,500	2,117.50	"	2,117.50
1858-59. . .	295,000	1,475.00	211.72	1,686.72
1859-60. . .	"	"	"	"
1860-61. . .	337,500	1,687.50	"	1,687.50
1861-62. . .	310,000	1,860.00	"	1,860.00
1862-63. . .	262,500	1,575.00	"	1.575.00
1863-64. . .	115,000	690.00	"	690.00
Totaux. . .	2,111,500	11,245.00	211.72	11,456.72

CHOUX.

Exercices.	Poids du fumier. kil.	Valeur du fumier. fr.	Valeur du parcage. fr.	Totaux. fr.
1853-54. . .	"	"	200.00	200.00
1854-55. . .	"	"	158.48	158.48
1855-56. . .	64,000	320.00	"	320.00
1856-57. . .	30,000	150.00	"	150.00
Totaux. .	94,000	470.00	358.48	828.48

PRAIRIES ARTIFICIELLES ET NATURELLES.

Exercices.	Fumier. Poids. kil.	Fumier. Valeur. fr.
1857-58	50,000	250.00
1861-62	90.000	540.00
1863-64	95,000	570.00
Totaux.	235,000	1,360.00

En résumé, on trouve, pour le fumier employé en onze ans, les chiffres suivants :

	Fumier. Poids. kil.	Fumier. Valeur. fr.	Parcage. Valeur. fr.	Totaux. fr.
Betteraves .	18,246,000	96,370.00	31,828.83	128,198.83
Blé	230.000	1,180.00	225.00	1,405.00
Avoine . .	4,547,500	24,525.00	705.76	25,230.76
Fèves . . .	2,111,500	11,245.00	211.72	11,456.72
Choux . . .	94,000	470.00	358.48	828.48
Prairies . .	235,000	1,360.00	"	1,360.00
Totaux. .	25,464,000	135,150.00	33,329.79	168,479.79

Il faut maintenant, pour avoir une idée complète des fumures employées à Masny, ajouter les engrais commerciaux et industriels.

C'est principalement le tourteau de colza qui jusqu'à présent a été acheté pour servir comme engrais; on n'a essayé que par rares exceptions le guano, les chiffons de laine et quelques autres engrais industriels en petite quantité:

Le tourteau a été répandu de la manière suivante:

POUR LES BETTERAVES.

Exercices.	Poids. kil.	Valeur. fr.
1853-54.	32,600	5,217.78
1859-60.	5,430	680.15
1860-61.	4,450	608.45
1861-62.	19,679	3,383.60
1862-63.	5,425	866.67
1863-64.	63,664	9,187.40
Totaux	131,248	19,844.05

POUR LE BLÉ.

Exercices.	Poids. kil.	Valeur. fr.
1853-54.	56,583	7,865.62
1854-55.	58,675	9,025.87
1856-57.	48,242	7,565.30
1857-58.	31,812	5,317.65
1858-59.	39,407	6,147.10
1859-60.	19,705	2,472.95
1860-61.	30,500	4,239.50
1861-62.	40,375	6,661.85
Totaux	325,299	49,295.84

POUR LE LIN.

Exercices.	Poids. kil.	Valeur. fr.
1853-54	9,500	1,519.05
1854-55	1,350	207.48
1856-57	6,500	1,030.80
1857-58	2,750	426.25
1860-61	3,500	478.55
1861-62	3,150	527.60
1862-63	8,875	1,417.83
1863-64	10,000	1,435.00
Totaux	45,625	7,042.56

Le tourteau de colza comme engrais a donc été employé en douze ans dans les proportions suivantes :

	Poids. kil.	Valeur. fr.
Pour les betteraves.	131,248	19,844.05
Pour le blé.	325,299	49,295.04
Pour le lin.	45,625	7,042.56
Totaux.	502,172	76,181.65

Pendant le même temps, on n'a fait usage des engrais divers tels que guano, chiffons de laine, engrais Derrien, Jaille, etc., que pour une somme de 1,507 fr. 07; ils pesaient ensemble environ 6,500 kilogrammes. Presque tout a été mis sur les betteraves.

Tous les ans on répand sur les terres destinées aux betteraves les écumes de défécation provenant de la sucrerie; on les estime chaque fois d'après les prix de la sucrerie de Sin, près de Douai, qui les vend toutes à l'agriculture. Ce prix commercial est compris entre 50 et 65 cent. les 1,000 kilog. Les quantités produites varient avec la qualité des betteraves et le système de fabrication du sucre; on en obtient de 40 à 60 kil. par 1,000 kil. de betteraves extraites dans la fabrique. Les quantités totales qui ont été produites et employées sont les suivantes :

Exercices.	Poids. kil.	Valeur. fr.
1853-54.	326,350	1,958.10
1854-55.	"	"
1855-56.	453,000	2,265.00
1856-57.	383,900	2,770.00
1857-58.	853,900	6,404.00
1858-59.	1,132,500	7,040.30
1859-60.	633,000	3,749.55
1860-61.	827,000	5,789.93
1861-62.	798,000	4,786.30
1862-63.	830,600	4,983.37
1863-64.	506,000	2,530.00
Totaux . . .	6,744,250	42,276.55

En 1854-55 on n'a pas fabriqué de sucre; on a distillé toutes les betteraves récoltées sur la ferme et en outre une assez grande quantité de betteraves achetées, le tout formant ensemble 22,500,000 kilogr. Les vinasses ont été employées en irrigations, ainsi que nous l'avons rapporté précédemment (chap. IX de cette *Étude*, p. 44). Les bons résultats qui ont été obtenus dans cette expérience ont été le point de départ des irrigations qui, depuis, continuent à se faire avec toutes les eaux de la fabrique de sucre, eaux autrefois perdues à Masny comme elles le sont encore dans la plupart des sucreries. La surface des terres irriguées est annuellement de 24 hectares en moyenne, et M. Fiévet estime, par les effets constatés, que leur arrosage équivaut à une fumure de 300 fr. par hectare, valant en tout de 7,000 à 8,000 fr. On n'emploie pas moins de 20,000 hectolitres d'eau par jour pendant 100 jours, soit 2,000 mètres cubes par jour, et, en tout, 200,000 mètres cubes. Depuis 1855, l'engrais apporté par les irrigations a eu, d'après cette évaluation, une valeur de quatre-vingt mille francs.

En résumé, on a employé pendant 11 ans dans la ferme de Masny les quantités d'engrais suivantes :

	Poids. kil.	Valeur. fr.
Fumier de ferme.	25,464,000	135,150.00
Parcage.	"	33,329.79
Tourteau	502,172	76,181.65
Engrais commerciaux divers.	6,500	1,507.07
Écumes de défécation. . .	6,744,250	42,276.55
Eaux de fabrique en irrigation	2,000,000	80,000.00
Total de la valeur des engrais en onze ans. . .		368,445.06

Ce chiffre correspond à 33,485 fr. 91 d'engrais par an. Le nombre moyen d'hectares emblavés chaque année pendant cette période, ayant été de 188 hectares 67 ares, on trouve que chaque hectare a reçu annuellement en engrais pour 177 fr. 46 c. Par conséquent, chaque hectare a reçu des engrais, en 11 ans, pour une somme totale de 1,852 francs.

On peut dire encore que la fumure annuelle ne représente pas moins de 29,000 à 30,000 kilogrammes de fumier de ferme. C'est environ trois fois la quantité d'engrais que l'on est habitué à donner aux terres, en se croyant très-libéral, dans la plus grande partie de la France.

Il nous reste à voir : 1° quels sont les résultats pécuniaires que fournit l'emploi de cette masse d'engrais? 2° quels sont ses effets sur les terres soumises à la culture intensive que nous avons décrite? Nous reconnaîtrons ainsi si l'exploitation de Masny est profitable dans le présent, et si elle satisfait pour l'avenir aux conditions qu'un illustre chimiste, M. de Liebig, a justement appelées les lois naturelles de l'agriculture.

CHAPITRE XXXIII

COMPTE DES PROFITS ET PERTES.

Le moment est venu de récapituler les comptes de la ferme de Masny et de calculer les bénéfices ou les pertes de chaque année. Nous aurons ainsi le moyen de déterminer le revenu produit par le capital employé dans l'exploitation.

En exposant dans tous leurs détails chacune des cultures, ainsi que les comptes des écuries, des étables et des bergeries, nous avons expliqué l'origine et la nature des recettes et des dépenses; nous n'avons à y revenir que pour en présenter l'ensemble. C'est ce que nous allons faire, en tenant pour exécutées toutes les corrections dont l'examen attentif de la comptabilité de Masny nous a successivement suggéré la nécessité, à l'exception de ce qui concerne le prix des fèves et des fourrages dits hivernages, qui, consommés dans la ferme, n'ont pas d'influence, comme nous le ferons remarquer, sur les résultats définitifs.

L'ensemble des comptes particuliers, pris dans l'ordre des chapitres précédemment exposés, présente la situation suivante :

	1853		1854	
	Bénéfices fr.	Pertes fr.	Bénéfices fr.	Pertes fr.
Blé	15,851.99	"	26,827.80	"
Lin	575.65	"	"	2,170.69
Betteraves	7,533.87	"	390.86	"
Avoine	"	3,527.31	352.56	"
Seigle	1,044.16	"	371.82	"
Prairies naturelles et artificielles	"	"	1,455.04	"
Fèves dites féveroles	"	2,958.75	"	2,390.48
Hivernages	61.82	"	"	116.71
Chevaux	"	16.57	1,457.54	"
Vacherie	1,868.33	"	3,620.17	"
Bêtes à cornes en pension	675.20	"	397.65	"
Bêtes à cornes à l'engrais	"	274.21	"	121.20
Moutons	"	94.48	2,807.41	"
Totaux	27,611.02	6,871.32	37,680.85	4,799.08
Bénéfices réels	20,739.70		32,881.77	

	1855		1856	
	Bénéfices fr.	Pertes fr.	Bénéfices fr.	Pertes fr.
Blé	15,283.91	"	27,445.12	"
Lin	4,056.22	"	3,041.95	"
Betteraves	15,699.25	"	20,084.53	"
Avoine	1,458.29	"	1,551.60	"
Seigle	1,162.43	"	223.15	"
Prairies naturelles et artificielles	341.49	"	"	499.76
Fèves dites féveroles	"	660.27	"	1.277.88
Hivernages	250.83	"	"	318.00
Chevaux	2,766.23	"	6,117.49	"
Vacherie	2,514.74	"	921.67	"
Bêtes à cornes en pension	658.25	"	"	35.75
Bêtes à cornes à l'engrais	32.40	"	"	"
Moutons	"	1,191.83	416.17	"
Totaux	44,224.04	1,852.10	59,801.68	2,131.39
Bénéfices réels	42,371.94		57,670.20	

	1857		1858	
	Bénéfices	Pertes	Bénéfices	Pertes
	fr.	fr.	fr.	fr.
Blé	29,413.98	"	"	4,743.99
Lin	3,092.23	"	"	10,490.57
Betteraves.	27,569 28	"	12,036.14	"
Avoine	1,175.50	"	3,446.49	"
Seigle	431.28	"	"	286.66
Prairies naturelles et artificielles	"	255.52	"	159.90
Fèves dites féveroles . .	"	2,199.12	"	3,629.95
Hivernages	"	544.04	"	1.31
Chevaux	8,189.90	"	2,863.42	"
Vacherie	"	133.20	255.65	"
Bêtes à cornes en pension.	961.25	"	2,703.15	"
Bêtes à cornes à l'engrais.	"	394.25	"	817.05
Moutons	1,677.46	"	121.52	"
Totaux	72,510.88	3,526.13	21,426.37	20,129.43
Bénéfices réels . .	68,984.75		1,296.94	

	1859		1860	
	Bénéfices	Pertes	Bénéfices	Pertes
	fr.	fr.	fr.	fr.
Blé	15,297.79	"	28,884.14	"
Lin	4,317.86	"	5,622.90	"
Betteraves.	10,150.22	"	"	1,799.37
Avoine	"	1,076.63	"	860.07
Seigle	"	20.89	706.78	"
Prairies naturelles et artificielles	"	986.23	"	361.60
Fèves dites féveroles . .	"	2,710.26	"	1,429 06
Hivernages	594.75	"	"	467.66
Chevaux	5,360.51	"	3,031.52	"
Vacherie	"	1,948.89	"	1,592.03
Bêtes à cornes en pension.	3,236.81	"	1,132.30	"
Bêtes à cornes à l'engrais.	"	1.78	"	"
Moutons	"	222.77	2,454.35	"
Totaux	38,957.94	6,917.45	41,831.99	6,509.79
Bénéfices réels . .	32,040.59		35,322.20	

	1861		1862	
	Bénéfices	Pertes	Bénéfices	Pertes
	fr.	fr.	fr.	fr.
Blé	"	3,121.77	13,651.50	"
Lin	"	739.73	3,008.16	"
Betteraves.	"	16,522.84	8,475.66	"
Avoine	"	642.00	1,838.62	"
Seigle	"	229.98	380.91	"
Prairies naturelles et artificielles	".	3,559.42	"	1,418.45
Fèves dites féveroles . .	"	2,849.62	"	2,369.57
Hivernages	"	541.61	301.60	"
Chevaux	238.76	"	8,096.03	"
Vacherie	"	563.30	39.69	"
Bêtes à cornes en pension.	1,499.70	"	"	"
Bêtes à cornes à l'engrais.	"	"	"	"
Moutons	"	6,985.79	"	3,645.92
Totaux	1,738.46	35,756.06	35,792.17	7,433.94
Bénéfices réels . .	"		28,358.23	
Pertes	34,017 60		"	

	1863		TOTAUX DES ONZE ANS ou Résumé des profits et pertes par culture	
	Bénéfices	Pertes	Bénéfices	Pertes
	fr.	fr.	fr.	fr.
Blé	18,691.08	"	191,347.31	7,865.76
Lin	10,385.12	"	34,100.09	13,400.99
Betteraves.	"	19,177.84	101,939.81	37,500.05
Avoine	"	581.23	9,823.06	6,687.24
Seigle	494.50	"	4,815.03	537.53
Prairies naturelles et artificielles	"	828.20	1,796.53	8,019.08
Fèves dites féveroles . .	"	2,601.66	"	25,076.62
Hivernages	"	253.43	1,209.00	2,242.76
Chevaux	4,988.26	"	43,109.66	16.57
Vacherie	"	681.71	9,220.25	4.919.13
Bêtes à cornes en pension.	"	"	11,264.31	35.75
Bêtes à cornes à l'engrais.	133.24	"	165.64	1,608.49
Moutons	"	1,136.55	7,476.91	13.277.34
Totaux	34,692.20	25,260.62	416,267.60	121,187.31
Bénéfices réels . .	9,431.58		295,080.29	
Bénéfice moyen par an.			26,825.49	

Le bénéfice moyen ainsi calculé est inférieur de 1,709 fr. 31 à celui qui a été obtenu (chap. XVIII, p. 126) lorsqu'on ne s'occupait que des cultures et qu'on laissait de côté les écuries et les étables. Cela devait être. Non pas parce que le bétail est en perte ou est un mal nécessaire, comme le disent beaucoup de cultivateurs, mais tout simplement parce que, dans les comptes de culture, le fumier a été porté pour une valeur un peu plus faible que son véritable prix de revient. Mais en définitive, lorsqu'on arrive à dresser le compte des profits et pertes, il faut bien retrancher des bénéfices donnés par la culture, payant son fumier au-dessous de sa valeur, les pertes des écuries et des étables vendant soit le travail, soit le fumier, trop bon marché. La vérité finit par se faire. Si les comptes du bétail étaient en bénéfice, cela voudrait dire simplement que le fumier serait obtenu à un prix inférieur à celui où on le porterait en établissant les comptes particuliers de chaque culture. Tout cela est dit, bien entendu, d'après l'idée que l'entretien du bétail n'est, pour une ferme, qu'un moyen d'obtenir le travail des animaux et les engrais au prix le plus faible possible. Pour avoir le blé à bon marché, il faut nécessairement vendre la viande cher. On ne pourrait sortir de ce dilemme que si l'on trouvait dans le commerce, en quantité suffisante et à un prix assez bas, des engrais contenant tous les principes utiles aux plantes. Mais c'est là une question que nous devrons traiter dans le chapitre consacré à la balance chimique de l'exploitation de Masny.

Ces remarques doivent faire comprendre pourquoi,

dans les tableaux qui précèdent, nous n'avons pas corrigé les comptes des fèves et des hivernages qui, faits d'après une évaluation trop faible, accusent des pertes non réelles, puisque ces corrections n'eussent pas eu d'autre résultat que de diminuer les bénéfices présentés par le compte des chevaux. C'eût été prendre d'une main pour restituer de l'autre, et rien n'eût été changé au résultat définitif.

En résumé, d'après les chiffres qui précèdent, on trouve que le compte des profits et pertes, année par année, est le suivant :

Années des récoltes	Profits	Pertes	Bénéfices définitifs	Pertes définitives
	fr.	fr.	fr.	fr.
1853	27,611.02	6,871.32	20,739.70	"
1854	37,680.85	4,799.08	32,881.77	"
1855	44,224.04	1,852.10	42,371.94	"
1856	59,801 68	2,131.39	57,670.29	"
1857	72,510.88	3,526.13	68,984.75	"
1858	21,426.37	20,129.43	1,296.94	"
1859	38,957.94	6.917.45	32,040.49	"
1860	41,831.99	6,509.79	35,322.20	"
1861	1,738.46	35,756.06	"	34,017.60
1862	35,792.17	7,433.94	28,358.23	"
1863	34,692.20	25,260.62	9,431.58	"
Totaux. . .	416,267.60	121,187.31	329,097.89	34,017.60
Bénéfices totaux en 11 ans . .	295,080.29		295,080.29	
Moyennes . . .	37,842.51	11,017.02		
Bénéfices moyens annuels			26.825.49	

Le nombre total d'hectares cultivés durant ces onze années étant de 2,075.39, d'après les détails donnés précédemment (chap. VI, p. 35), le bénéfice net annuel moyen par hectare a été de 142 fr. 18 pour cette période.

On voit par ces résultats combien l'agriculture est soumise à de graves vicissitudes, puisqu'il est arrivé que dans une année (1861) la perte a été plus considérable que ne l'est le bénéfice moyen pris sur un ensemble de onze ans, et qu'une autre année (1858), le bénéfice est tombé à environ le vingtième de la moyenne ! On conçoit dès lors comment il se fait que le cultivateur qui n'a pas de fortune personnelle ou qui ne jouit pas de crédit, ou encore qui dépense trop dans les années prospères, se trouve réduit aux plus rudes extrémités, lorsque surviennent de désastreuses circonstances météorologiques réduisant les produits presque à rien et exigeant néanmoins des frais parfois exagérés pour sauver le peu que la nature lui accordera.

L'année 1861, qui a donné des résultats si déplorables, a été signalée par une mauvaise récolte en céréales (voir chap. x, p. 57), en même temps que les prix ont été avilis pour les blés par des importations étrangères exagérées ; d'un autre côté aussi les prix des betteraves ont été les plus bas d'une période de onze ans. Ces dépréciations de produits ont coïncidé, à Masny, avec l'accroissement des dépenses qu'a entraîné la préparation pour le concours de la prime d'honneur.

Ces remarques faites, il reste bien établi, par les chiffres mêmes que le lecteur a sous les yeux, que l'agriculture, comme toutes les autres industries et même mieux que beaucoup d'autres industries, paye largement les efforts de celui qui s'y adonne dans de bonnes conditions. Il faut observer, en effet, que le bénéfice moyen de 26,825 fr. 49 obtenu ci-dessus, a été calculé après que déjà on avait alloué un intérêt de 5 pour 100 au capital d'exploitation et au fonds de roulement. L'agriculture fournit donc un revenu évidemment rémunérateur aux capitaux qui lui sont confiés pour une période suffisamment longue, lorsque d'ailleurs le directeur est aussi intelligent que sage.

Nous avons vu, dans les chapitres consacrés aux différentes cultures, que la comptabilité de Masny ne répartissait pas immédiatement une partie des frais généraux, et notamment ceux relatifs à la direction de l'exploitation, à la rente du capital d'exploitation et à l'entretien et au loyer des bâtiments. Ce n'était qu'au compte des profits et pertes que ces frais étaient portés, et venaient alors en réduction des bénéfices attribués à chaque nature de récolte. Pour le solde définitif de chaque année, cette manière d'agir ne changeait rien à la réalité, mais il tendait à faire illusion sur les avantages de certaines cultures. Nous avons dès lors rectifié les comptes, au fur et à mesure que nous les avons exposés. Voici, année par année, ces sortes de frais généraux qui n'étaient pas répartis dans les comptes spéciaux :

Années.	Rente du capital d'exploitation et du fonds de roulement.	Loyer et entretien des bâtiments et des chemins.	Direction de l'exploitation, frais divers.
	fr.	fr.	fr.
1853. . . .	7,500.00	3,760.15	20,648.25
1854. . . .	7,500.00	2,635.60	16,497.93
1855. . . .	7,500 00	3,329.41	15,526.55
1856. . . .	7,500.00	4,500.00	11,388.85
1857. . . .	7,500.00	4,787.00	13,393.33
1858. . . .	7,500.00	3,357.93	8,596.24
1859. . . .	10,007.96	6,288.43	9,279.43
1860. . . .	11,970.00	8,241.78	6 104.33
1861. . . .	14,091.75	15,070.58	7,347.09
1862. . . .	13,124.00	9,093.53	15,795.56
1863. . . .	15,486.46	14,248.79	9,879.35
Totaux.	109,680.17	75,313.20	134,456.91

Il est évident que ces sortes de frais doivent autant grever les produits agricoles, autant influer, par exemple, sur le prix de revient d'un hectolitre de blé, que les fermages et les impositions, ou bien encore que les frais de charrois exceptionnels et d'améliorations qui ont été comptés à partir de 1860. Ces derniers frais généraux, déjà répartis sur les cultures par la comptabilité de Masny avant que nous fissions nos corrections, étaient les suivants :

Années.	Fermages.	Impositions.	Frais généraux d'améliorations et divers.
	fr.	fr.	fr.
1853. . . .	22,020.65	3,206.06	"
1854. . . .	22,000.00	3,190.00	"
1855. . . .	22,000.00	3,468.10	"
1856. . . .	22,000.00	3,564.10	"
1857. . . .	24,759.50	3,449.55	"
1858. . . .	23,868.45	2,857.50	"
1859. . . .	24,503.20	3,633.16	"
1860. . . .	25,875 80	2,855.93	10,298.07
1861. . . .	26,154.96	3,072.65	13,665.87
1862. . . .	25,907.45	2,908.19	8,484.83
1863. . . .	28,681.26	3,535.91	12,124.05
Totaux. .	267,771.27	35,741.15	44,572.82

Dans les frais généraux comptés à part depuis 1860 par M. Fiévet pour être directement répartis sur les cultures, sont comprises les dépenses diverses faites pour des charrois exceptionnels, pour les gages des agents et surveillants, etc. Antérieurement, ces dépenses restaient dans les comptes de la direction de l'exploitation qui nourrissait aussi tous les domestiques. Depuis 1860, aucune personne n'est nourrie à la ferme, et la direction touche, à titre d'indemnité, une somme fixe qui est augmentée dans les tableaux précédents de quelques frais divers, tels que l'entretien du mobilier, la basse-cour, etc., devant incomber en fin de compte à toute l'exploitation. Mais ni cette indemnité, ni la rente du capital d'exploitation, ni l'entretien du mobilier, ni enfin le loyer, ni l'entretien des bâtiments n'étaient portés dans la comptabilité de Masny aux comptes des diverses cultures qui ont dû par conséquent être chargés de cet excédant, lorsque nous avons voulu établir les vrais prix de revient du blé et des autres denrées agricoles produites sur la ferme. Il convient d'ajouter aux frais de direction, depuis 1860, les frais généraux d'amélioration et divers ci-dessus indiqués, et alors de rectifier ainsi ceux du tableau de la page 254 :

Années.	Frais totaux de direction.
	fr.
1860	16,402.40
1861	21,012.96
1862	24,280.39
1863	22,003.40

Les frais totaux de direction comprenant, outre le traitement fixe du directeur, les traitements du comptable et des agents de la ferme, la nourriture des chevaux particuliers du directeur et des visiteurs, etc., ont donc été de 179,029 fr. 73 pour la période de onze années, soit 86 fr. 26 par hectare et par an.

Tous les éléments du compte des profits et pertes sont maintenant sous les yeux du lecteur. Il ne reste absolument rien dans l'ombre. On peut voir, en étudiant ces détails, combien il est utile qu'une bonne comptabilité soit établie pour éclairer les opérations si diverses et si compliquées d'une exploitation rurale.

CHAPITRE XXXIV

LA COMPTABILITÉ.

La comptabilité tenue par M. Fiévet, et grâce à laquelle il nous a été possible de trouver pour toutes les cultures les renseignements les plus complets en remontant jusqu'à l'année 1853, est en partie double. « L'organisation de cette comptabilité et celle du service intérieur de la ferme, disait-il dans son Mémoire de concurrent pour la prime d'honneur, m'ont donné beaucoup de peine au début. Mais je n'ai qu'à me louer de l'opiniâtreté que j'ai mise à établir l'une et l'autre. On est si heureux de pouvoir se rendre un compte exact de toutes les opérations faites pendant l'année et de voir régner partout chez soi un ordre parfait. » — On ne peut mieux faire sentir les avantages qu'offre une bonne comptabilité à celui qui veut toujours savoir s'il est dans une route sûre. Sans doute les chiffres peuvent aussi créer des illusions, mais quand ils se vérifient les uns les autres, les erreurs deviennent impossibles.

Afin que le comptable chargé des écritures puisse tout porter au grand livre et tenir auparavant un *journal* de toutes les opérations effectuées, divers tableaux sont dressés dans la ferme par le directeur des travaux.

Le premier de ces tableaux est relatif à la consommation des aliments par les animaux. Il est établi mensuellement sur le modèle suivant :

Distribution de la nourriture pendant le mois de..... 18...

Dates.	AUX CHEVAUX.						AUX CHEVAUX PARTICULIERS.					
	Avoine	Paille de blé ou d'avoine.	Foin.	Fèves et hivernages.			Avoine.	Paille de blé ou d'avoine.	Foin.	Fèves et hivernages.		
1												
2												
3												
.												
.												
.												
.												
Totaux.												
Prix de l'unité.												

Dates.	AUX BŒUFS DE TRAIT.							AUX BÊTES A L'ENGRAIS.					
	Paille de blé ou d'avoine.	Foin.	Fèves et hivernages.	Prairies artificielles.	Prairies naturelles.	Tourteaux.	Pulpe.		Paille de blé ou d'avoine.	Foin.	Fèves et hivernages.	Pulpe.	Tourteaux.	
1														
2														
3														
.														
.														
.														
..														
Totaux														
Prix de l'unité														

Dates.	AUX VACHES LAITIÈRES.							AUX BÊTES A CORNES en pension.	
	Paille de blé ou d'avoine.	Foin.	Prairies artificielles.	Pulpe.	Tourteaux.	Prairies naturelles.		Paille de blé ou d'avoine.	Pulpe.
1									
2									
3									
.									
.									
.									
Totaux. . .									
Prix de l'unité . . .									

Dates.	AUX MOUTONS.				A LA BASSE-COUR ET AUX PORCS.			
	Paille de blé ou d'avoine	Pulpe.	Tourteaux.		Paille de blé ou d'avoine.	Moulage.	Son.	....
1								
2								
3								
.								
.								
.								
.								
Totaux . .								
Prix de l'unité. . .								

Tous les jours, la ligne correspondant au quantième du mois est remplie, et à la fin du mois le tableau est remis au comptable, qui n'a plus qu'à totaliser.

En outre, chaque jour on fait le dénombrement des animaux, afin que le comptable puisse établir le nombre des journées de production de fumier, et porter au compte *Engrais :* 16 centimes pour chaque journée de cheval (chap. XXI, p. 159), 25 centimes pour chaque journée de tête de l'espèce bovine (chap. XXIII et XXIV, p. 177 et 181), 4 centimes par chaque journée de mouton, soit à la bergerie, soit au parcage (chap. XXIX, p. 215). Ce dénombrement du bétail donne lieu au tableau suivant, qui est annexé à la même feuille que le tableau de la distribution de la nourriture :

DATES.	NOMBRE DE JOURNÉES POUR LA PRODUCTION DU FUMIER									OBSERVATIONS.
	des chevaux.	des chevaux particuliers.	des bœufs de trait.	des bêtes à l'engrais.	de la vacherie.	des bêtes à cornes en pension.	des moutons.	de la basse-cour.		
1										
2										
3										
.										
.										
.										
.										
Totaux .										

Ce tableau est, comme le précédent, arrêté tous les mois.

Un livre, que M. Fiévet appelle livre de rotation ou de renseignements, indique, pour toutes les terres de l'exploitation, les quantités de fumier qu'elles reçoivent annuellement. De cette manière, le directeur de l'exploitation sait toujours exactement la sortie du fumier, qu'il peut comparer à la production de cet engrais, ou bien encore au rendement des terres ; il connaît ainsi, en outre, la répartition du fumier entre toutes les pièces de terre et, par conséquent, entre les différentes cultures. M. Fiévet tient lui-même ce livre, et il y indique en outre les produits des récoltes obtenues sur chaque champ.

Pour connaître les frais exigés par chaque culture, M. Fiévet a établi deux livres dits de journées de travail. L'un de ces livres est consacré à rendre compte des journées d'animaux employées soit à la culture, soit à d'autres travaux, selon les modèles suivants :

Mois de..... 18..

DATES.	JOURNÉES DE CHEVAUX EMPLOYÉES													
	A LA CULTURE.											Pour la fabrique de Masny.	Pour les frais généraux.	Pertes et profits.
1														
2														
3														
.														
.														
.														
.														
Totaux.														

Mois de..... 18..

DATES.	JOURNÉES DE BŒUFS EMPLOYÉES											OBSERVATIONS.
	A LA CULTURE.											
1												
2												
3												
.												
.												
.												
Totaux.												

Ce livre du travail des animaux est arrêté tous les mois.

L'autre livre des journées de travail indique jour par jour les journées de tous les ouvriers occupés dans l'exploitation. Ces journées sont marquées en totalité ou par fractions au moyen de lettres qui correspondent à tous les comptes ouverts au grand livre, selon les modèles suivants :

Mois de....... 18..

NOMS.	QUANTIÈME DU MOIS. S 4	D 5	L 6	M 7	M 8	J 9	V 10	S 11	D 12	L 13	M 14	M 15	J 16	V 17	Nombre de journées.	Prix de la journée.	Montant total.	A-comptes reçus.	Sommes payées.
																fr.	fr.		
Ducatillon.	$\frac{a}{b}$	$\frac{c^4}{d^3}$	e	$\frac{f^2}{g^4}$	h	″	″	″	″	″	″	″	″	″	4 3/4	2.00	9.50		
Desmarets.	i	″	j	$\frac{k}{l}$	″	$\frac{m}{2}$	$\frac{v}{3}$	″	″	″	″	″	″	″	4 1/4	1.75	7.45		
Puquette	a	″	$\frac{b}{c}$	$\frac{c}{4}$	q	s	″	r	$\frac{v}{2}$	u	″	″	″	″	6 3/4	1.50	10.10		
Lemaire (Louis). . . .	″	″	y	v	p	$\frac{t}{2}$	″	$\frac{r}{3}$	$\frac{u}{2}$	″	o	y	″	″	6 3/4	1.25	8.45		
Canon (Catherine). . .	i	″	m	v	h	k	″	″	i	$\frac{m}{4}$	$\frac{g}{3}$	″	″	″	7	0.90	6.30		
Debève (Louise). . . .	$\frac{i}{a}$	″	$\frac{m}{2}$	$\frac{v}{4}$	i	$\frac{h}{4}$	v	$\frac{y}{2}$	″	l	a	b	s	″	8 1/2	0.60	5.10		
															Totaux.		46.90		

Mois de..... 18..

a Blé 1864.		b Blé en grange et battage.		c Avoine 1864.		d Avoine en grange et battage.		e Fèves et hivernages en grange.		f Hivernages 1864.		g Fèves 1864		h Prairies artificielles 1864.		i Betteraves 1864.		j Betteraves 1865.		k Betteraves porte-grain. 1864.		l Fumier.	
Journées.	Montant.	Journées.	Montant.	Journées.	Montant.	Journées.	Montant.	Journées.	Montant.	Journées.	Montant.	Journées.	Montant.	Journées.	Montant.	Journées.	Montant.	Journées.	Montant.	Journées.	Montant.	Journées.	Montant.
	fr.		fr.		fr.		fr.		fr.		fr.		fr.		fr.		fr.		fr.		fr.		fr.
1/2	1.00	1/2	1.00	1/4	0.50	3/4	1.50	1	2.00	1/2	1.00	1/4	0.50	1	2.00								
																1	1.75	1	1.75	1/2	0.90	1/2	0.90
1	1.50	1/2	0.75	3/4	1.10																		
												3/4	0.70	1	0.90	2	1.80			1	0.90		
1 1/2	0.90	1	0.60											1/4	0.15	1 1/2	0.90					1	0.60
	3.40		2.85		1.60		1.50		2.00		1.00		1.20		3.05		4.45		1.75		1.80		1.50

Mois de..... 18..

m Pommes de terre 1864.		n Prairies naturelles.		o Moutons.		p Entretien des bâtiments.		q Paille en magasin.		r Bœufs de trait.		s Bêtes à l'engrais.		t Frais généraux.		u Blé en magasin.		v Seigle 1864.		x Lin 1864.	
Journées.	Montant.	Journées.	Montant.	Journées.	Montant.	Journées.	Montant.	Journées.	Montant.	Journées.	Montant.	Journées.	Montant.	Journées.	Montant.	Journées.	Montant.	Journées.	Montant.	Journées.	Montant.
	fr.				fr.		fr.		fr.		fr.		fr.		fr.		fr.		fr.		fr.
1/2	0.85																	3/4	1.30		
								1	1.50	1	1.50	1	1.50			1	1.50	1/2	0.75		
				2	2.50	1	1.25			3/4	0.95			1/2	0.60	1/2	0.65			2	2.50
1 1/4	1.10																	1	0.90		
1/2	0.30											1	0.60					1 1/4	0.75	1/2	0.30
	2.25				2.50		1.25		1.50		2.45		2.10		0.60		2.15		3.70		2.80

Ces tableaux, comme on le voit, contiennent les détails de deux semaines; il y én a vingt-six par an. Ils sont arrêtés tous les quinze jours par le comptable, qui fait les additions et porte au grand livre. Les agriculteurs qui voudront bien les étudier attentivement comprendront sans peine comment le travail de chaque ouvrier peut être porté au compte des cultures ou des autres opérations de la ferme.

Enfin M. Fiévet a un livre auxiliaire pour constater l'entrée et la sortie des denrées.

C'est grâce à cette organisation que, sans beaucoup de mal, on peut fournir au comptable tous les éléments nécessaires d'une comptabilité qui, sauf quelques perfectionnements que nous avons indiqués au fur et à mesure de notre étude des détails, peut être regardée comme un modèle à imiter dans toutes les exploitations rurales.

CHAPITRE XXXV

DU CAPITAL D'EXPLOITATION.

Pour la période de onze années que nous avons étudiée plus particulièrement, et qui renferme deux mauvaises années (1858 et 1861), les capitaux d'exploitation à Masny ont été les suivants :

Années.	Capital d'exploitation total.	Capital d'exploitation par hectare.
	fr.	fr.
1853	150,000	806.75
1854	150,000	808.23
1855	150,000	816.72
1856	150,000	833.70
1857	150,000	807.58
1858	150,000	766.73
1859	200,159	1,034.94
1860	239,400	1,270.88
1861	281,835	1,461.64
1862	262,480	1,356.97
1863	309,720	1,601.25
Moyennes. .	199,417	1,051.50

Pour ce capital moyen de 199,417 francs sur la période de onze ans, le revenu a été payé dès l'origine à 5 pour 100 par la ferme. Néanmoins, le bénéfice net annuel moyen a été de 26,825 fr. 49 (p. 250); c'est encore 13.46 pour 100 de rente qui a été produit par l'agriculture; la totalité du revenu du capital d'exploitation a donc été de 18.47 pour 100.

Jusqu'en 1858, madame Fiévet mère était propriétaire de la ferme et avançait les fonds au fur et à mesure des besoins de l'exploitation, de telle sorte que, sans doute, le capital employé était parfois plus élevé que le chiffre de 150,000 francs, qui seul portait intérêt. Depuis cette époque, on compte le capital roulant avancé dans l'exploitation pour lui faire porter intérêt en même temps que le capital qui représente la valeur du cheptel, celle des engrais, des récoltes en magasin et des avances faites aux terres emblavées.

Si l'on répartit le capital d'exploitation par hectare, on trouve que, pour la période de 1853 à 1863, il y a en moyenne 1,056 fr. 84 employés pour chaque hectare de la ferme de Masny; ce capital a été porté de 806 fr. 75 en 1853 à 1,601 fr. 25 en 1863.

Le revenu moyen par hectare a été annuellement de 141 fr. 83 pour toute la période. Le revenu du capital étant déjà compté à 5 pour 100, ce serait là le chiffre qu'aurait obtenu un fermier travaillant avec un capital emprunté à 5 pour 100, ayant déjà payé cette rente, et ayant en outre versé le loyer de la terre au propriétaire.

CHAPITRE XXXVI

DES CHARGES DE L'AGRICULTURE

C'est une règle constante en France que les améliorations effectuées par le cultivateur fermier donnent lieu à une aggravation des charges de l'agriculture. On en trouve une nouvelle preuve sur la ferme de Masny. En effet, le fermage annuel et les impositions par hectare ont été successivement, pendant la période 1853-1863 :

Années.	Fermage par hectare.	Impositions par hectare.
	fr.	fr.
1853	118.43	17.24
1854	118 00	17.18
1855	119.78	18.88
1856	122.27	19.81
1857	133.30	18.57
1858	122.10	14.60
1859	126.69	18.78
1860	137.41	15.16
1861	136.86	15.07
1862	134 36	16.08
1863	143.10	18.28

On voit que le taux du fermage a augmenté d'une manière presque continue; l'accroissement se poursuit aujourd'hui. A mesure que les propriétaires voient les rendements de leurs terres devenir meilleurs, ils s'empressent, au renouvellement des baux, d'augmenter les loyers, quoiqu'ils ne soient souvent pour rien, quant à eux, dans les améliorations effectuées, quoiqu'ils les aient même parfois entravées. Une association entre les propriétaires du sol et les cultivateurs pourra seule remédier à la gravité d'une situation aussi dangereuse.

S'il y a dans les chiffres précédents quelques oscillations, elles tiennent à des renouvellements de baux ou à des changements de parcelles de terres. Il faudrait, du reste, ajouter environ 3 francs par hectare, en raison d'une somme totale de 500 à 600 francs, représentant la valeur de quelques journées de corvée faites pour les propriétaires et divers payements en nature opérés en sus du loyer en argent.

La variation annuelle que présente la colonne des impôts payés pour chaque hectare s'explique par des diminutions ou des accroissements dans les charges locales, qui font varier les centimes additionnels payés pour les améliorations communales. Il est à noter que si les communes rurales subissent quelques transformations, elles le doivent entièrement à leurs habitants. Elles n'ont pas les ressources des octrois qui pèsent sur leurs propres produits à l'entrée des villes; et peut-être doit-on regretter qu'elles ne puissent pas remplir leurs caisses municipales en frappant d'un droit les produits du luxe citadin.

Il faut reconnaître loyalement que les impôts fonciers n'ont pas augmenté, et que, de ce côté du moins, le prix de revient des denrées alimentaires n'a pas subi d'accroissement; mais ce prix de revient s'élève pour d'autres causes, et notamment par suite de la hausse progressive du prix de la main-d'œuvre.

La rente du capital d'exploitation, le coût du loyer et de l'entretien des bâtiments et des chemins, les frais de direction et d'améliorations générales, se sont élevés par hectare à Masny, chaque année, aux chiffres suivants :

Années.	Rente du capital d'exploitation.	Loyer et entretien des bâtiments et des chemins.	Direction de l'exploitation et frais divers.
	fr.	fr.	fr.
1853	40.35	20.23	111.11
1854	40.41	14.20	88.89
1855	40 83	18.12	84.54
1856	41.68	25.01	64.41
1857	40.82	25.77	72.10
1858	38.38	17.16	43.99
1859	51.74	32.51	47.97
1860	63.57	43.72	87.12
1861	73.74	78.86	109.95
1862	68.06	47.15	125.92
1863	80.06	73 66	113.23

Tous les frais ont augmenté pendant les dernières années; la rente du capital d'exploitation notamment a doublé en onze ans. En étudiant les diverses cultures, on a vu que les rendements correspondants se sont également accrus. Ces deux faits s'expliquent l'un par l'autre. Pour produire davantage, il faut plus travailler et plus avancer à la terre. Toutefois il est juste de convenir que, dans le but de se présenter au concours de la grande prime d'honneur, en 1863, avec plus de chances de succès, la direction de la ferme de Masny a fait des frais exceptionnels dès 1860.

On pourra en outre discuter sur l'opportunité plus ou moins grande d'avoir des bâtiments aussi spacieux et d'entretenir des chemins en aussi bon état. Pour nous, nous n'hésitons pas à dire qu'il y a là un progrès agricole de premier ordre, que doivent encourager tous ceux qui regardent la grandeur et la gloire de la patrie comme étant liées à la prospérité de l'agriculture. Cette prospérité ne peut être obtenue que par le concours des hommes qui s'occupent d'embellir la commune rurale au point de vue matériel et au point de vue moral, comme le font MM. Fiévet frères.

CHAPITRE XXXVII

DU PRODUIT BRUT ET DU PRODUIT NET.

On a vu précédemment (chap. XXXIII, p. 252) que le *produit net* en bénéfices acquis au cultivateur, tous frais payés, même les frais de direction, n'étaient pas inférieurs, sur la ferme de Masny, à 142 francs par hectare, ce chiffre étant calculé comme une moyenne de onze années d'exploitation. Un pareil résultat est déjà presque aussi considérable que les moyennes du *produit brut* obtenu dans les contrées où l'agriculture passe pour être la plus avancée. Ainsi, selon M. de Lavergne (*Économie rurale de la France*, 2e édit., p. 421), le produit brut était réparti, en France, ainsi qu'il suit par hectare de superficie, selon les régions :

	En 1789.	En 1856.
	fr.	fr.
Nord-Ouest	80	180
Nord-Est	45	90
Ouest	45	90
Sud-Est	40	80
Sud-Ouest	40	70
Centre	40	60
Moyennes	50	100

Dans la Grande-Bretagne, sans faire la réduction de 20 pour 100, en raison de la plus-value des denrées en Angleterre par rapport à la France, le revenu brut réparti par hectare de la superficie totale du Royaume-Uni donnait, en 1856, le résultat suivant (de Lavergne, *Économie rurale de l'Angleterre*, 3e édit., p. 77) :

Angleterre	250 fr.
Irlande, Basse-Écosse et Pays de Galles.	125
Haute-Écosse	12
Moyenne générale	165

Le produit brut importe beaucoup plus, selon nous, à un pays que le produit net. On conçoit, en effet, que le bénéfice net pourrait à la rigueur être assez fort avec des produits en nature relativement moins considérables. La fortune particulière d'un fermier pourrait être grande, sans que la nation eût à consommer toute la quantité de denrées que son domaine serait susceptible de fournir. Le produit net intéresse particulièrement l'exploitant du sol; le produit brut est la grande affaire du pays. Cela ne veut pas dire qu'il ne faut pas de grands bénéfices pour le cultivateur. Loin de nous une telle pensée. Nous voulons seulement appeler l'attention sur la nécessité de faire rendre à la terre de fortes récoltes.

Recherchons donc le produit brut moyen de chaque hectare de la ferme de Masny pour la période de onze années examinée plus particulièrement dans cette *Étude*. Nous avons maintenant placé sous les yeux du lecteur tous les éléments de la question.

D'abord nous pouvons récapituler tous les comptes de recettes des cultures, et nous trouvons ainsi :

Nature des causes de recettes.	Recettes totales en onze ans.
Blé (paille et grain)	694,218.90
Lin	129,555.40
Betteraves	697,548.53
Avoine	88,497.88
Seigle	27,916.52
Prairies naturelles	56,634.70
Prairies artificielles	9,362.15
Fèves	34,176.00
Hivernages	24,727.00
Total	1,762,636.58

Dans ce compte, nous avons porté les recettes du lin, non pas d'après la moyenne de 1859-1863, comme cela a été fait précédemment (p. 126), mais d'après l'ensemble des onze années 1853-1863; or, dans le commencement de cette culture, les produits avaient été beaucoup moins beaux que pendant les dernières années. De là une différence dans le produit total.

Si l'on divise le total du produit brut des cultures, soit 1,762,637 francs, par le nombre total des hectares exploités pendant les onze ans, soit 2,075 hectares, on trouve un produit brut moyen de 850 francs par hectare.

Ce calcul est fait en supposant que l'exploitation du bétail et la fabrication des engrais forment une usine séparée de la culture proprement dite. La ferme est ainsi supposée vendre tous ses produits, mais acheter ses engrais et payer tout le travail, celui des hommes comme celui des animaux.

Il nous faut maintenant étudier la décomposition du produit brut que nous venons d'estimer. M. de Lavergne la présente de la manière suivante pour les diverses régions de la France et pour l'Angleterre, par hectare et par an :

Décomposition du produit brut.	FRANCE. Nord-Ouest.	Nord-Est.	Ouest.	Sud-Est.
	fr.	fr.	fr	fr.
Rente du propriétaire.	60	30	30	25
Bénéfices de l'exploitant. . . .	20	10	10	10
Impôts.	10	5	5	5
Frais accessoires	10	5	5	5
Salaires	80	40	40	35
Totaux	180	90	90	80

Décomposition du produit brut.	FRANCE. Sud-Ouest.	Centre.	Moyenne.	ANGLETERRE proprement dite.
	fr.	fr.	fr.	fr.
Rente du propriétaire.	25	20	30	75
Bénéfices de l'exploitant . . .	5	5	10	40
Impôts.	3	3	5	25
Frais accessoires	2	2	5	60
Salaires	35	30	50	60
Totaux	70	60	100	250

On devra remarquer que, dans ces évaluations, il n'est rien compté pour les engrais, pour les labours faits avec les chevaux, enfin pour les semences. C'est que les fourrages et généralement tout ce qui se consomme dans les fermes n'est pas considéré par M. de Lavergne comme faisant partie du produit brut dont profite un pays ; il ne regarde comme partie intégrante de ce produit brut que ce qui entre dans la consommation générale; le fumier et le travail sont produits en échange des aliments absorbés.

Cette manière d'envisager le produit brut d'une exploitation rurale diffère de celle qui est généralement adoptée dans les comptabilités agricoles.

Nous appellerons *produit brut social* le produit calculé comme l'a fait M. de Lavergne. Nous donnerons, au contraire, le nom de *produit brut cultural* à celui où l'on tient compte de toutes les dépenses, sans s'occuper de distinguer ce qui est exporté du domaine de ce qui y est consommé.

Nous venons de voir que le produit brut cultural de toute la ferme de Masny a été, en onze ans, de 1,762,637 fr. Si nous en faisons la décomposition, en tenant compte de tous les chapitres des dépenses, nous trouvons les résultats suivants :

Décomposition du produit brut cultural.	Sur toute la ferme en onze ans.	Par hectare moyen en un an.
	fr.	fr.
Fermage ou rente du propriétaire . . .	267,771	129
Bénéfice de l'exploitant.	295,080	142
Impôts	35,741	17
Rente du capital d'exploitation	109,680	53
Loyer et entretien des bâtiments et des chemins	75,313	36
Fumier et engrais divers	370,785	179
Semences	57,278	28
Charrois, labours et instruments	239,970	116
Charretiers.	71,280	34
Ouvriers à la journée	60,709	29
Direction de l'exploitation, comprenant les salaires des agents divers de la ferme	179,030	87
Produit brut cultural	1,762,637	850

Passons maintenant à la recherche du produit brut social, afin de le rapprocher des chiffres donnés par M. de Lavergne. Pour l'obtenir, nous supprimerons les pailles, l'avoine et les fourrages qui sont consommés dans la ferme ; nous retrancherons aussi les semences, mais nous ajouterons les produits animaux exportés.

Nous trouverons :

	fr
Blé (semences et paille déduites)	563,774
Lin (tiges et graines, mais semences déduites)	115,045
Betteraves (déduction faite des semences et de la pulpe restituée)	599,807
Lait	41,689
Vente d'élèves de l'espèce bovine	6,952
Viande produite par l'engraissement des bêtes à cornes	102,060
Laine (moitié de la vente)	22,306
Viande produite par l'engraissement des moutons	37,152
Produit brut social	1,499,787
Soit par hectare	723

Pour établir ce tableau, nous avons dû d'abord calculer les valeurs des semences employées. Les éléments de calcul sont exposés dans les chapitres consacrés à chaque culture spéciale, et ils donnent les résultats suivants pour onze ans :

	Valeurs des semences. fr.
Blé (715 hectares × 24 fr. 64, prix moyen d'un hectolitre)	17,624
Lin (118 fr. de graines par hectare font pour 123 hectares)	14,514
Betteraves (16 fr. de graines par hectare font pour 741 h.)	11,856
Avoine (125 hectares × 1 hectol. 35 × 8 fr. 53)	1,437
Seigle (41 hectares × 2 hectol. × 13 fr. 71)	1,120
Prairies artificielles (17 fr. 90 l'hectare × 130 hectares)	2,333
Prairies naturelles	614
Fèves (50 h. 65 × 100 fr. l'hectare)	5,965
Hivernages (39 h. 67 × 46 fr. l'hectare)	1,806

On voit en passant que, par rapport à la récolte, c'est la semence de la betterave qui coûte le moins.

Pour déduire la pulpe rendue à la ferme, nous avons supposé que la quantité était le cinquième du produit total par hectare, et nous l'avons évalué à 12 fr. 50 les 1,000 kilogrammes; cette estimation nous a donné 6,870,784 kilogrammes de pulpe restituée en onze ans, pulpe valant 85,885 francs.

Nous n'avons compté que la moitié de la vente de la laine, parce que les moutons séjournent en général cent vingt jours dans la ferme et portent déjà une toison alors qu'ils y entrent.

Mais un tel produit social, représentant tout ce que la ferme fournit à la consommation publique, n'est pas obtenu par les seuls moyens dont M. de Lavergne a tenu compte, savoir : rente du propriétaire, bénéfices de l'exploitant, impôts, frais accessoires, salaires. Il faut encore supputer, d'une part, les engrais importés et la nourriture achetée au dehors pour le bétail, et, d'autre part, la rente du capital d'exploitation, et aussi le loyer et l'entretien des bâtiments et des chemins.

Voyons comment, d'après ces remarques, se décompose le produit brut social qui représente ce qui est fourni à la société par une grande exploitation rurale telle que celle de M. Fiévet. Nous devrons supprimer le fumier et le travail des attelages, comme étant donnés en échange de la nourriture produite sur la ferme même et consommée par les attelages. Nous avons ainsi :

Décomposition du produit brut social.	Sur toute la ferme en onze ans.	Par hectare moyen en un an.
	fr.	fr.
Fermage	267,771	129
Bénéfices de l'exploitant	295,080	142
Impôts	35,741	17
Rente du capital d'exploitation	109,680	53
Loyer et entretien des bâtiments et des chemins	75,313	36
Engrais importés	199,966	96
Salaires (compris ceux du directeur, de tous les agents et des ouvriers)	311,019	150
Nourriture importée pour le bétail. { pulpe de sucrerie, en outre de celle des betteraves de la ferme. 53,768 ; tourteaux, drèches, etc. 141,779 }	195,547	94
Autres frais	9,670	6
Produit brut social	1,499,787	723

On voit ainsi que, pour pouvoir donner un produit brut social de 723 francs par hectare, la ferme de Masny doit importer, tant en engrais qu'en nourriture additionnelle pour le bétail, une valeur de 190 francs. Nous croyons que partout où l'on fait une culture intensive, il est impossible au cultivateur de maintenir ou d'augmenter la fertilité de ses terres sans avoir recours à une semblable réimportation.

Les produits en nature ci-dessus indiqués pour la ferme de Masny, et qui se montent ensemble pour les onze ans à 1,499,787 francs et à 723 francs par hectare moyen en un an, peuvent se décomposer ainsi :

	En onze ans.	Par hectare moyen en un an.
	fr.	fr.
Produits végétaux	1,278,622	616
Produits animaux	221,165	107
Produit brut social	1,499,787	723

On remarquera la grande prédominance des produits végétaux. M. de Lavergne estime qu'en France, en Angleterre et dans l'ensemble du royaume britannique (*Économie rurale de l'Angleterre*, p. 74 et suiv.), le produit brut se décompose ainsi :

	France.	Angleterre seule.	Grande-Bretagne dans son ensemble.
	fr.	fr.	fr.
Produits végétaux.	68	123	83
Produits animaux.	32	127	82
Produit brut social par hectare.	100	250	165

L'agriculture française se distingue donc nettement de l'agriculture britannique par la prédominance des produits végétaux qu'elle fournit, et ce caractère est bien plus prononcé encore dans les fermes du Nord, telles que celle de Masny, où cependant la production animale est plus que le triple de celle du reste de la France, et où, en outre, le produit brut total est septuple de celui d'un hectare dans l'ensemble de l'empire, plus que triple de celui de l'Angleterre seule, plus que quadruple de celui de la moyenne de toute la Grande-Bretagne.

On pourrait dire que l'achat des engrais et de la nourriture importée doit être retranché du produit brut social que nous avons calculé, afin d'avoir vraiment le chiffre du produit dont la ferme de Masny enrichit le pays. En acceptant cette manière de voir, qui nous fait entrer dans le système adopté par M. de Lavergne, nous devons retrancher les sommes suivantes du produit brut social :

	Sur l'ensemble des onze années.	Par hectare moyen.
	fr.	fr.
Engrais importés.	199,966	96
Nourriture importée	195,547	94
Total.	395,513	190

A Masny, ces engrais et cette nourriture importés sont à peu près exclusivement composés de matière d'origine végétale, et, par conséquent, on peut les déduire des produits végétaux de la ferme. On a alors un produit brut social réduit qui se décompose ainsi à son actif :

	En onze ans.	Par hectare moyen et par an.
	fr.	fr.
Produits végétaux	883,109	426
Produits animaux.	221,165	107
Produit brut social réduit	1,104,274	538

Voyons ce que devient au passif ce même produit brut social réduit. Nous devons lui donner la forme adoptée par M. de Lavergne ; cela nous conduit à mettre sous la rubrique *frais accessoires* la rente du capital d'exploitation, le loyer et l'entretien des bâtiments et des chemins, etc. Nous avons alors :

	En onze ans sur toute la ferme.	Par hectare moyen et par an.
	fr.	fr.
Fermage.	267,771	129
Bénéfices de l'exploitant	295,080	142
Impôts.	35,741	17
Frais accessoires	194,663	95
Salaires	311,019	150
Produit brut social réduit	1,104,274	533

C'est un peu plus du double du produit brut social de

l'Angleterre proprement dite, et c'est le triple du produit brut social attribué par M. de Lavergne au nord-ouest de la France.

Le nombre qui dans cette décomposition diffère le plus des chiffres de M. de Lavergne est celui qui représente le produit net ou le bénéfice de l'exploitant. Ce bénéfice, dans toutes les évaluations de l'illustre agronome, est porté fort au-dessous de celui qui représente la rente de la terre; à Masny, au contraire, il est supérieur, et nous croyons que ce résultat se reproduit dans toutes les fermes prospères.

CHAPITRE XXXVIII

STATIQUE CHIMIQUE.

Est-il, à Masny, sorti des terres plus d'éléments fertilisants qu'il n'y en est entré? Les champs se sont-ils enrichis ou appauvris dans la période des onze années qui nous permet d'établir des calculs complets?

D'abord nous avons démontré que si l'on partage cette période en deux parties, la plus ancienne de six ans, la plus nouvelle de cinq ans, on trouve un rendement moyen annuel plus fort dans la seconde partie de la période que dans la première. Par conséquent, les terres ont acquis une plus grande puissance de fécondité. Serait-il possible qu'il en fût ainsi avec une exportation des principes les plus précieux qui dépasserait beaucoup la restitution? C'est ce qu'il importe d'examiner.

Nous avons vu, dans le chapitre précédent, en quoi

consistent les exportations de la ferme; ces exportations ont été évaluées en argent; il faut maintenant les représenter en poids. Nous avons les résultats suivants :

	En onze ans sur toute la ferme.	
	hectol.	kilog.
Blé (grain, semences déduites)	22,217	1,688,792
Lin (graine, semences déduites).	763	52,647
Lin (tiges)	»	688,800
Betteraves (racines, sans aucune déduction de pulpe)	»	34,353,920
Lait	2,713	278,398
Laine.	»	10,840
Animaux de l'espèce bovine.	»	173,046
Animaux de l'espèce ovine	»	53,074

Pour établir ces chiffres d'après les renseignements de la comptabilité de Masny, nous avons supposé l'hectolitre de blé peser 76 kilogrammes, celui de la graine de lin, 69. Le poids des betteraves nous a été fourni directement. Nous avons calculé celui des tiges de lin d'après une production moyenne de 5,600 kilogrammes par hectare. Le poids du lait est résulté de la production moyenne de 7 litres par jour et par tête. Nous avons obtenu le poids de la laine d'après le prix moyen du kilogramme vendu. Quant aux poids des animaux, il est résulté de la division des valeurs totales par 63 et 70 centimes, prix moyen du kilogramme du poids vif.

Nous devons maintenant chercher les quantités d'azote, d'acide phosphorique et de potasse que ces diverses denrées représentent.

Nous admettrons, d'après nos analyses faites sur les denrées elles-mêmes produites sur la ferme de Masny, corroborées d'ailleurs par celles de MM. Boussingault, Péligot, Reiset, Berthier, Gueymard, Marchand, Lawes et Gilbert, Liebig, etc., la composition suivante :

Pour 100 de	Azote.	Acide phosphorique.	Potasse.
Blé	2.3	0.7	0.5
Graine de lin.	3.7	1.7	0.6
Tiges de lin	0.7	0.2	0.4
Betteraves	0.4	0.1	0.2
Lait.	0.6	0.2	0.1
Laine en suint brute	5.9	2.4	5.1
Animaux de l'espèce bovine. . .	3.4	1.5	3.1
Animaux de l'espèce ovine . . .	2.6	2.4	0.9

Nous ne nous sommes occupé de la ferme de Masny qu'à partir de 1863 ; par conséquent, nos analyses n'ont porté que sur des produits de la dernière année. Mais comme les nombres que nous avons obtenus sont renfermés dans les limites des analyses faites par nos prédécesseurs, en ce qui concerne les matières les plus ordinairement soumises aux recherches des chimistes, il y a toute garantie que nos calculs sont, en tant que possible, rapprochés de la vérité.

Pour le blé, la graine et les tiges du lin, les betteraves, le lait et la laine, les chiffres donnés sont ceux des analyses directes. Quant aux nombres relatifs aux proportions d'azote, d'acide phosphorique et de potasse que contiennent 100 kilogrammes du corps de l'espèce bovine et 100 kilogrammes du corps de l'espèce ovine, ils sont ceux qui résultent de nos recherches particulières sur la statique des animaux.

En partant de ces éléments, on trouve que l'exportation

des principes fertilisants du sol de Masny faite en onze ans s'élève aux quantités suivantes :

	Azote. kil.	Acide phosphorique. kil.	Potasse. kil.
Pour le blé	38,842	11,822	8,444
— la graine de lin	1,948	895	316
— les tiges de lin	4,822	1,378	2,755
— les betteraves	137,416	34,354	68,708
— le lait	1,671	557	278
— la laine	640	260	553
— les animaux de l'espèce bovine	5,884	2,596	5,364
— les animaux de l'espèce ovine	1,380	1,274	478
Totaux	192,603	53,136	86,896

Si nous calculons l'exportation faite annuellement par chaque hectare moyen, nous trouvons :

	kil.
Azote exporté par hectare et par an	92.8
Acide phosphorique	25.6
Potasse	41.9

Résolvons maintenant le problème inverse. Calculons l'importation des principes fertilisants faite par les soins de M. Fiévet sur la ferme de Masny.

D'après les détails précédemment donnés, nous pouvons compter ainsi qu'il suit tous les engrais et les matières alimentaires introduits du dehors dans la ferme :

	kil.
Pulpe de sucrerie	11,170,000
Tourteaux de colza pour engrais	816,286
Tourteaux d'œillette et de lin pour nourriture	502,172
Écumes de défécation	6,744,250
Engrais commerciaux divers	6,500
Eaux de fabrique en irrigations	2,000,000

D'après nos analyses directes, corroborées par celles de nos prédécesseurs et particulièrement celles de M. Boussingault, nous admettrons les dosages suivants en azote, acide phosphorique et potasse :

Pour 100 de :	Azote.	Acide phosphorique.	Potasse.
Pulpe de sucrerie	0.4	0.1	0.1
Tourteaux de colza	4.9	3.0	1.3
Tourteaux d'œillette ou de lin	5.6	2.6	0.9
Écumes de défécation	1.1	1.8	0.1
Engrais commerciaux divers	4.0	9.0	2.0
Eaux de fabrique	0.4	0.3	1.6

Comme pour les produits exportés par la ferme, nous n'avons pu faire des analyses que pendant une seule année, pour ce qui concerne les produits importés. Il était donc délicat, au premier abord, de prendre un parti sur les chiffres à admettre, soit pour la composition des matières fertilisantes ou des nourritures importées, aussi bien que pour celle des produits agricoles livrés à la consommation publique. Nous n'avions pas pu, en effet, assister aux différentes années de l'existence de la ferme de Masny, pour constater, la balance à la main, les faits qui se présentaient. Il nous a fallu, dès lors, nous contenter des nombres que nous avons trouvés en dernier lieu. Mais nous avons été rassuré par cette considération que, si nous changions les chiffres des analyses dans les limites des variations de tous les résultats obtenus jusqu'à ce jour par les divers chimistes qui se sont occupés de ce sujet, il n'y aurait néanmoins aucune modification dans les conséquences à tirer de la balance que nous cherchons à établir.

En calculant d'après les éléments du tableau précédent, nous trouvons que l'importation des principes fertilisants sur la ferme de Masny s'est élevée, en onze ans, aux chiffres qui suivent :

	Azote. kil.	Acide phosphorique. kil.	Potasse. kil.
Pour la pulpe de sucrerie.........	44,680	11,170	11,170
— les tourteaux de colza.........	24,606	15,065	6,528
— les tourteaux d'œillette ou de lin.	45,712	21,223	7,347
— les écumes de défécation.......	74,187	121,396	6,744
— les engrais commerciaux divers.	260	585	130
— les eaux de fabrique...........	8,000	6,000	32,000
Totaux de l'importation.....	197,445	275,439	63,919
Totaux de l'exportation.....	192,603	53,136	86,896
Excédant de l'importation...	4,842	222,303	"
Excédant de l'exportation...	"	"	22,997

On voit tout de suite que, sauf en ce qui concerne la potasse, l'importation des trois principes reconnus les plus précieux a été, sur la ferme cultivée par M. Fiévet, plus considérable que l'exportation pour la période des onze années que nous étudions dans tous ses détails. C'est ainsi que s'expliquent l'amélioration intérieure du domaine de Masny et l'accroissement de la fertilité de ses terres.

C'est bien en ce sens que doit être dirigée une culture intensive, pour répondre aux besoins généraux d'un pays qui exige que les champs produisent davantage, afin de pourvoir à l'augmentation naturelle de la population.

Si nous calculons l'importation faite annuellement pour chaque hectare moyen, et si nous la rapprochons des chiffres obtenus pour la représentation de l'exportation, nous avons des résultats instructifs au point de vue de la physiologie végétale et des théories agronomiques.

Ces chiffres sont les suivants par hectare et par an :

	Importation.	Exportation.	Excédant de l'importation sur l'exportation.	Excédant de l'exportation sur l'importation.
	kil.	kil.	kil.	kil.
Azote	95.1	92.8	2.3	"
Acide phosphorique.	132.7	25.6	107.1	"
Potasse	30.8	41.9	"	11.1

Ainsi, dans le système suivi à Masny, la restitution au sol des principes azotés et phosphorés se fait dans une mesure qui dépasse même les besoins, et il n'y aurait lieu de s'occuper que des principes potassiques. Il est facile de se rendre compte de ces résultats, et la discussion des conséquences qu'on en peut tirer nous paraît mériter toute l'attention des agronomes et des chimistes.

Ce qui caractérise d'abord essentiellement Masny, ainsi d'ailleurs que toutes les exploitations rurales du Nord, c'est la culture de la betterave sur une très-grande échelle. Cette culture fait sortir du domaine le plus de principes fertilisants : 71 pour 100 des principes azotés, 64 pour 100 de l'acide phosphorique, 79 pour 100 de la potasse.

S'il n'y avait pas une compensation, si la betterave était toujours exportée de la ferme sans une restitution de ces éléments, la ruine des terres ne tarderait pas à se manifester par une diminution progressive des rendements.

Au lieu d'une décroissance de fertilité, on constate au contraire, à Masny, une augmentation de force productive. Ce résultat est dû à la présence de la fabrique de sucre, d'où la culture retire une plus grande proportion de pulpe que celle qui correspond à la betterave livrée.

Ainsi plus de 11 millions de kilogrammes de pulpe pressée ont été fournis au bétail contre 34 millions de kilogrammes de betteraves qui ne correspondent qu'à 7 millions de pulpe. D'un autre côté, la ferme de Masny emploie comme engrais toutes les écumes de défécation de la fabrique, ce qui, outre la chaux qui est ainsi répandue sur les terres du domaine afin de pourvoir et au delà à l'exportation de calcaire causée par la vente du blé, par celle des animaux engraissés et de quelques autres denrées, donne lieu à un apport considérable de matières azotées et surtout d'acide phosphorique.

Les écumes de défécation sont très-diversement riches en azote; cela ne dépend pas seulement de la variation qui peut se présenter dans le dosage en azote des betteraves, soit d'une année à l'autre, soit d'une ferme à une autre ferme, où les terres sont fumées d'une manière très-différente; cela tient surtout à la plus ou moins grande quantité de chaux que les fabricants emploient pour une opération où l'on a généralement aujourd'hui une tendance à forcer la dose de cet alcali. Aussi avons-nous trouvé dans des écumes de défécation :

D'une fabrique du Pas-de-Calais. . . .	1.49	d'azote pour 100.
D'une fabrique de l'Eure.	0.30	—
D'une fabrique de l'Aisne	1.96	—
De la fabrique de Masny.	1.10	—

Nous avons naturellement adopté ce dernier nombre qui est, du reste, moyen entre les autres déterminations. La proportion d'eau dans ces écumes a été comprise entre 8 et 14 pour 100 ; ce n'est pas à elle qu'est due la variation de la richesse en matières azotées ; celle-ci tient uniquement à la dose de la chaux qui s'élève du simple au double par hectolitre de jus, selon le mode de fabrication.

Les écumes de défécation ont fait entrer dans les terres de la ferme de Masny plus de 74,000 kilog. d'azote; sans cette importation, il y aurait eu un déficit. D'ailleurs, il faut remarquer que l'azote de la pulpe donnée au bétail et celui des écumes ne font encore ensemble qu'un total de 118,867 kilog., tandis que la vente des betteraves à la sucrerie a causé une perte de 137,416 kilog. d'azote. Sans l'emploi des tourteaux sur une grande échelle, tant comme engrais que comme nourriture du bétail, M. Fiévet n'aurait pu pourvoir à l'exportation d'azote, provenant non-seulement de la vente des betteraves, mais encore de celle du blé, du lin et des produits animaux. Les irrigations avec les eaux de la fabrique lui ont en outre permis d'avoir même un excédant d'importation, de telle sorte que sans imaginer que les plantes aient rien emprunté directement à l'azote atmosphérique, sans tenir compte des produits azotés apportés par les eaux pluviales, on trouve que, par hectare, il a été importé une plus grande somme de principes azotés qu'il n'en a été exporté. Si le bétail a détruit quelques-uns de ces principes par sa perspiration, l'équilibre a dû être maintenu par l'azote météorique, amené sous diverses formes par les eaux pluviales, notamment sous forme de nitrate d'ammoniaque, ou encore par la nitrification produite dans un sol suffisamment meuble, calcaire et humide, où des labours multipliés ont tant de fois fait circuler un air vivifiant.

Mais l'emploi de la totalité des écumes de la sucrerie de Masny donne un résultat bien autrement remarquable, pour ce qui concerne la statique de l'acide phosphorique. Ces écumes, en effet, sont très-riches en principes phosphatés. Nous avons trouvé dans les écumes de Masny 1.80 d'acide phosphorique, et dans différentes autres écumes des proportions variant de 1.50 à 2.20. D'où proviennent ces forts dosages? De ce fait bien simple que la défécation du jus de betterave, ayant toujours lieu en présence d'un excès de chaux, précipite à l'état de phosphate basique dans les écumes la presque totalité de l'acide phosphorique contenu dans les jus extraits de la racine.

Aussi, tandis que la ferme a exporté seulement l'acide phosphorique de 34,353,920 kilog. de betteraves, elle a réimporté par les écumes presque complétement, sauf celui de la pulpe vendue aux cultivateurs voisins, celui de 140,656,042 kilog. de betteraves qui ont été travaillées. C'est ainsi que nous avons trouvé une réimportation de 121,396 kilog. d'acide phosphorique par le fait de l'emploi des écumes, tandis que l'exportation des betteraves n'a causé qu'une perte de 34,354 kilog. d'acide phosphorique. Comme d'ailleurs la pulpe employée pour la nourriture du bétail, les tourteaux de lin et de colza et les eaux de fabrique, c'est-à-dire toutes les denrées importées, contiennent déjà une plus forte proportion de principes phosphatés que les denrées exportées, blé, lin, produits animaux divers, l'enrichissement des terres de la ferme, pour ce qui concerne ces principes, augmente constamment.

C'est ainsi qu'on peut expliquer les résultats négatifs constatés par diverses recherches scientifiques, entreprises dans le but de reconnaître si les phosphates ou l'acide phosphorique étaient utiles dans quelques terres du département du Nord. Dès qu'on opérait sur des terres placées à portée de grandes fabriques de sucre et recevant abondamment des écumes de défécation, on se trouvait déjà en présence d'un excès de phosphates fournis aux plantes dans les conditions les plus favorables pour l'assimilation, car dans les écumes les phosphates sont extrêmement divisés, puisqu'ils y sont amenés par voie de précipitation ; d'ailleurs ils s'y rencontrent en contact avec des matières organiques qui y sont intimement mêlées. Pour de pareilles terres, la restitution des principes phosphatés se fait presque surabondamment par le mode même de culture. Il n'en serait pas de même pour des fermes qui livreraient indéfiniment des betteraves à des sucreries sans en retirer des écumes de défécation ; l'épuisement des phosphates se manifesterait certainement alors au bout d'un temps plus ou moins long, et il deviendrait évident par ce fait seul qu'alors des engrais phosphatés produiraient de bons effets sur les cultures de betteraves. Ainsi disparaissent les contradictions que l'on a pu rencontrer dans les résultats des expériences ou des essais tentés jusqu'à ce jour dans le département du Nord en ce qui concerne l'efficacité de divers engrais. Tout dépend de la constitution chimique et physique du sol et des apports naturels ou directs des principes que les engrais contiennent; ceux-ci n'agissent jamais que comme compléments par rapport à ce que les plantes trouvent dans la terre et aux exigences propres de ces plantes.

Des considérations de même nature, mais devant conduire à des conséquences différentes, sont applicables à la statique de la potasse.

Le calcul reposant sur nos analyses nous indique un déficit de potasse; les exportations ont dépassé, pour la période des onze années étudiées, les importations. La cause en est aux betteraves qui, à elles seules, ont donné lieu à une exportation de 68,708 kilog. de potasse réelle, tandis que par les pulpes, les écumes, les tourteaux, etc., il n'en a été restitué que 63,919 kilog. Cette restitution eût été moindre encore si, en 1854, M. Fiévet n'avait pas soumis à la distillation 14 millions 887,506 kilogrammes de betteraves, et n'avait pas employé toutes les vinasses de sa distillerie en irrigations qui ont réimporté plus de 29,000 kilogr. de potasse sur les 32,000 qu'a donnés l'ensemble de toutes les eaux de fabrique.

L'épuisement en potasse qui devra finir par se manifester à la longue est dû surtout à l'exportation des mélasses. Si, à la sucrerie de Masny, M. Fiévet annexait une distillerie de mélasse, et si toutes les vinasses étaient employées en irrigations, il arriverait bientôt à restituer toute la potasse exportée, car il soumettrait à la distillation une quantité de mélasse bien supérieure à celle qui provient du traitement des betteraves de ses propres cultures. Sans doute, on pourrait trouver des difficultés à arroser toutes les terres avec les vinasses de la distillerie, mais il suffirait d'irriguer quelques champs, pour que, en fin de compte, en vertu de la rotation des cultures, les sels minéraux se répartissent sur tout le domaine après avoir passé par le bétail. A défaut d'une distillerie de mélasse, M. Fiévet devrait avoir recours à une importation de carbonate ou mieux encore de nitrate de potasse, qu'il répandrait jour par jour sur ses fumiers, à raison de 100 kilog. par an pour chaque hectare en culture.

Nous avons trouvé dans les données générales de la pratique une vérification des résultats de nos analyses. Ainsi M. Pesier, l'habile chimiste qui, dans l'arrondissement de Valenciennes, a fait faire tant de progrès à toutes les industries exploitant la betterave comme matière première, nous a écrit que, d'après tout ce qu'il connaissait, le rendement en mélasse commerciale (40 degrés Baumé) est de 3.5 pour 100 du poids de la betterave, et que le rendement de la mélasse en sels solubles est de 10 pour 100. Un grand nombre d'analyses de cendres de sucres bruts lui ont permis de constater que ces sucres renferment 1 pour 100 de sels solubles. En admettant que l'on extrait en sucre 6 pour 100 du poids des racines, on trouve que 1,000 kilogr. de betteraves donnent :

35 kilogr. de mélasse représentant. . .	3k.500	de sels solubles.
60 kilogr. de sucre représentant. . . .	0 .600	—
Total en sels solubles. . .	4 .100	—

Le rapport de la potasse à la soude est variable dans les matières provenant des différentes fabriques, selon l'origine des betteraves. On peut, en moyenne, fixer à 50 pour 100 la quantité de potasse réelle. Dans cette hypothèse, on obtient 2k.050 de potasse pour 1,000 kilog. de betteraves. Nous avons constaté, par nos analyses directes, 0.20 de potasse réelle (KO) dans 100 kilog. de betteraves de Masny.

On voit que les chiffres obtenus par nous et ceux donnés par M. Pesier sont presque identiques. L'habile chimiste de Valenciennes a ajouté encore ces considérations : « Cette manière de retrouver la quantité de potasse exportée pourrait être modifiée par la qualité des sucres produits en usine ; mais je trouve un contrôle à mes chiffres dans les résultats de nombreuses analyses de cossettes. Défalquant de la totalité des sels solubles pesés ce que la pulpe imprégnée de jus conserve à la ferme, dans le travail par râpe et presse, j'arrive à 4 kilog. 200 de sels solubles ou 2 kilog. 100 d'oxyde de potassium. »

Ainsi l'exportation des sels de potasse, qui a lieu pour la vente des mélasses des fabriques de sucre, impose aux terres cultivées en betteraves une déperdition continue d'un alcali qui doit finir par devenir sensible. Dans l'état actuel des choses à Masny, on ne pourvoit pas à cet inconvénient. Il est vrai d'ailleurs que le sol y est encore riche en minéraux potassiques, et que les eaux souterraines qui, par la capillarité, pénètrent jusque dans les tranches de terre où les racines puisent leurs sucs, fournissent peut-être des matériaux suffisamment riches en cet alcali. Enfin on ne sait pas bien encore si les divers alcalis ne peuvent pas, dans une certaine mesure au moins, se remplacer ou s'équivaloir pour les besoins des plantes; si, par exemple, la soude, qui est réimportée à l'état de sel ordinaire donné au bétail, ne peut pas se substituer à la potasse pour entretenir la culture de la betterave dans une suffisante prospérité. Mais il est certain que la substitution de la soude à la potasse ne peut pas se faire dans une proportion très-forte. On trouve, en effet, que les betteraves qui contiennent moins de potasse et plus de soude que la proportion ci-dessus indiquée, sont moins bonnes et proviennent de cultures en décadence. Ajoutons encore que la chaux est aussi un alcali dont on dit qu'il pourrait, de son côté, remplacer la potasse et la soude dans la végétation. Mais il est démontré que, malgré son utilité dans le sol, la chaux ne peut seule suffire aux betteraves. A Masny, les champs contiennent un excès de chaux; malgré cette circonstance, les betteraves choisissent dans la terre la potasse et la soude. Enfin, au point de vue de la statique de l'élément calcaire, le mode de culture suivi donne une importation beaucoup plus considérable que l'exportation.

Nous n'avons pas abordé le problème de la statique du carbone, ou, en d'autres termes, de l'humus, pour le domaine de Masny. Il faut en dire quelques mots afin que notre étude soit complète.

Toutes les recherches faites jusqu'à ce jour démontrent que le carbone des plantes provient de la décomposition de l'acide carbonique sous l'action de la lumière. Mais cet acide carbonique lui-même a pour origine essentielle la combustion lente que subit l'humus dans l'intérieur du sol arable, au contact de l'oxygène de l'air accumulé par l'ameublissement de la terre à l'aide de la charrue. Une petite portion seulement de l'acide carbonique est fournie par le réservoir commun, par l'atmosphère elle-même. C'est la quantité contenue dans les récoltes *limites* que l'on obtient dans les contrées où l'engrais n'est jamais employé. On ne peut pas évaluer à plus du cinquième du carbone des récoltes, dans des terres où les rendements sont aussi forts que ceux de la ferme de Masny, ce que donne l'atmosphère, qui ne renferme que 4 dix-millièmes d'acide carbonique. Il en résulte que toute forte récolte est nécessairement la cause d'une rapide consommation de l'humus; il y a restitution par les fumiers et les autres engrais. Cette restitution a-t-elle eu lieu pour la période des onze années que nous avons examinée en détail? C'est la seule question à examiner.

Toutes les pailles ont été rendues à la terre, et, de ce côté, il n'a pu se manifester aucun épuisement. Les matières fourragères ne sortent pas non plus du domaine, et il semblerait qu'on pourrait résoudre la question par la méthode employée pour ce qui concerne l'azote, l'acide phosphorique et la potasse. Mais un élément important vient troubler le calcul. C'est la grande proportion de carbone de leurs aliments que brûlent les animaux domestiques, les chevaux, les bœufs, les moutons. Le bétail est un gros consommateur de carbone. Le fumier ne représente pas tout l'humus enlevé au sol par les pailles et par les aliments fourragers. En outre, dans le cas particulier d'une culture telle que celle de Masny, qui repose essentiellement sur la production de la betterave pour la fabrication du sucre, il y a une grande quantité de carbone qui est exportée. Mais une preuve indirecte de l'excédant de réimportation se trouve dans l'accroissement des rendements du domaine. Il faut considérer que les eaux souterraines et de surface apportent beaucoup d'acide carbonique en dissolution ou sous la forme de carbonates ou bicarbonates alcalins, calcaires ou ferriques. On ramasse aussi tous les débris végétaux abandonnés à la surface du sol par les arbres qui vont puiser leur nourriture à de grandes profondeurs. Une partie, enfin, des récoltes du domaine est à racines pivotantes, qui puisent dans le sous-sol et ramènent à la surface une nourriture qui enrichit la couche atteinte par les instruments de labour. Les eaux pluviales, lavant la partie de l'atmosphère d'une localité où se trouvent tant de cheminées qui vomissent d'énormes quantités d'acide carbonique, sont enfin plus riches que partout ailleurs, en un gaz source du carbone des plantes.

C'est ainsi que l'*humus* des terres de Masny n'a pas diminué et que nous avons pu constater indirectement son accroissement en démontrant que dans toutes les cultures, sur les onze années, les rendements moyens de la période des cinq dernières étaient supérieurs à ceux de la période des cinq premières.

Concluons en ajoutant que la statique chimique ne

s'obtient sur un domaine en progrès qu'à la condition d'un apport du dehors, supérieur aux exportations des denrées agricoles. Dès qu'un domaine exporte, il faut qu'il importe, soit directement par les soins du cultivateur, soit indirectement par des circonstances naturelles particulières. Ceux qui ont cherché l'équilibre ou le progrès dans la simple rotation des cultures, dans une certaine relation des cultures fourragères non irriguées et des terres à grains, n'ont fait que remuer et amonceler des erreurs.

CHAPITRE XXXIX

ÉLÉMENTS DES PRIX DE REVIENT DES DENRÉES AGRICOLES.

Le dernier mot de toute exploitation rurale, aussi bien que de toute manufacture ou de toute usine, doit être de produire le mieux au plus bas prix relatif. C'est la suprême pierre de touche à laquelle on reconnaît la bonne voie suivie.

En agriculture, bien fabriquer c'est récolter d'abord, sur un hectare, le plus fort rendement possible eu égard à la constitution du sol et aux circonstances économiques au milieu desquelles on cultive; c'est ensuite obtenir chaque unité de produit le plus économiquement qu'on puisse le désirer.

Nous pouvons clore notre étude sur Masny en examinant à ce double point de vue les résultats constatés. Nous avons suivi, on a pu le remarquer à chaque instant, la voie expérimentale, la voie analytique, la seule qui pouvait, selon nous, conduire sûrement à la vérité.

Nous ne pouvions procéder *à priori* sans courir le risque de nous tromper, ou tout au moins le reproche de chercher à faire triompher des opinions systématiques au lieu de prendre les faits à témoin. La méthode *à posteriori* nous permettait, au contraire, d'avancer sûrement, pas à pas, vers la vérité qui devait jaillir d'une comptabilité tenue avec précision et exactitude, jour par jour, quoique non établie de manière à donner tout de suite les résultats si intéressants et si importants qu'elle contenait. Nous avons pu arriver à chiffrer avec une rigueur complète tous les faits, de telle sorte que nous croyons avoir résolu un des problèmes les plus difficiles de l'agronomie, celui d'établir les prix de revient réels des diverses denrées agricoles produites.

Pour avoir le prix de revient réel d'un produit, il ne faut pas, en agriculture, se borner à calculer un cas particulier, résultat d'une seule année ; il faut nécessairement embrasser une série d'années suffisamment longue, qui permette de balancer les circonstances avantageuses ou désavantageuses. Une période de onze ans, telle que celle embrassée dans notre étude, est certainement suffisante pour atteindre ce but.

Les prix de revient d'une denrée agricole ne dépendent pas seulement de l'ensemble de tous les frais directement faits pour les obtenir. Ainsi il ne suffit pas de supputer les prix des labours et des diverses main-d'œuvre pour préparer la terre et soigner les plantes sur pied, ceux des semences et des engrais, les prix des façons de la récolte, ni même de répartir les impôts et le loyer des champs proportionnellement à la surface occupée par chaque récolte. Quand on s'arrête là, comme cela a lieu le plus ordinairement dans les comptes qui ont été publiés jusqu'à ce jour, on reste au-dessous de la vérité, et on se fait illusion sur le prix réel. Il faut encore répartir entre les diverses cultures les frais de direction du domaine, la rente du capital d'exploitation, le coût de l'entretien des bâtiments, des routes et des chemins, les dépenses d'améliorations foncières, quelle que soit l'ardeur avec laquelle elles se trouvent effectuées. Nous savons bien que quelques auteurs conseillent de capitaliser ces dernières dépenses pour les joindre au capital foncier et n'en faire payer que l'intérêt, sans même songer à un amortissement. Mais nous ne pouvons partager une telle manière de voir, qui a pour effet de faire croire à des bénéfices, lesquels sont réalisés seulement sur le papier. Tant que rien ne prouve qu'on pourrait par la vente obtenir la valeur attribuée par la comptabilité agricole à un objet quelconque, cette valeur ne peut figurer telle à l'actif. Les mécomptes des agriculteurs viennent presque tous de ce qu'on a obéi à de semblables sujétions.

Une seule question préjudicielle pourrait peut-être être soulevée. L'ensemble de tous les frais généraux doit-il peser uniquement sur les cultures? Ne faudrait-il pas en reporter une partie au compte des étables, des écuries, de la bergerie, en un mot au compte de l'engraissement et de l'élevage des animaux domestiques des fermes? Au premier abord, si l'on n'approfondit pas le problème, il paraît juste de prendre ce dernier parti, c'est-à-dire de faire payer une partie des frais généraux et des impôts au bétail. Mais tout de suite une difficulté presque insurmontable se présente quand il s'agit d'évaluer la quote-part que l'on peut faire supporter à une spéculation qui, comme l'engraissement, ne donne qu'un très-faible bénéfice. Si peu qu'on charge les comptes du bétail de nouveaux frais, ils sont en perte. On ne pourrait rétablir la balance qu'en élevant le prix du fumier produit; mais alors on augmenterait de ce côté les frais de culture, de telle sorte que si on cherche à soulager la culture d'une partie des dépenses d'administration de la ferme et d'amélioration de la terre, on arrive à lui faire payer les engrais plus cher ; c'est lui prendre d'un côté pour lui rendre de l'autre. Le plus sage nous paraît donc de porter tous les frais au compte des cultures. C'est le parti que nous avons pris pour calculer les prix de revient dont nous allons présenter les détails.

CHAPITRE XL.

PRIX DE REVIENT DU BLÉ.

La culture du blé, faite à Masny, en onze ans, sur 715 hectares (voir p. 52), a produit un total de 22,932 hectolitres et a entraîné des frais qui se sont élevés à une somme de 510,737 fr., dont il faut déduire la valeur de la paille et à laquelle il faut, d'ailleurs, ajouter une quote-part proportionnelle dépendant de la valeur un peu trop faible attribuée au fumier produit dans la ferme.

La quantité de paille produite peut se calculer ainsi (voir p. 53) :

1863 (comptabilité)	328,824 kilog.
1858-1862 (comptabilité)	1,496,659
1853-1857 (calcul à raison de 4,000 kil. à l'hectare	2,120,600
Total	3,946,083

Pour calculer la paille produite de 1853 à 1857, nous avons supposé, ce qui est évidemment extrêmement rapproché de la vérité, que ce produit était en rapport avec celui du grain ; par conséquent nous devions poser la proportion suivante : le produit en grain pendant les dernières années, ou 33^{h}.6, a été à celui en grain pendant les premières, ou 30^{h}.6, comme le rendement en paille connu, ou 4,400 kilog., est à celui cherché, que le calcul donne alors, égal à 4,000 kilog.

A raison de 36 fr. les 1,000 kilog., on trouve pour la paille une valeur totale de 142,059 fr.

D'un autre côté, la différence entre le bénéfice net annuel total, lorsqu'on a résumé seulement les comptes des cultures (chap. XVIII, p. 126), et celui résultant du compte des profits et pertes (chap. XXXIII) est de 28,535 — 26,825 = 1,710. Pour onze ans, on obtient une somme de 18,810 fr., qui, divisée par 2,075 hectares, donne un excédant de dépense de 9 fr. environ, à ajouter par hectare comme équivalent de la trop faible valeur attribuée au fumier, qui a coûté un peu plus que ne l'ont supposé les comptes. Pour le blé cela fera 6,434 fr.

De là, il résulte que 22,932 hectolitres de blé ont réellement coûté 510,737 + 6,434 — 142,059 = 368,112. Le prix de revient moyen réel de l'hectolitre est donc, à Masny, de 16 fr. 05.

Il est bien évident que le prix de revient a varié chaque année autour de ce chiffre moyen dans des proportions dont le tableau suivant rendra compte. Ce tableau est le résultat de calculs semblables à celui dont le lecteur a les détails faits pour l'ensemble de toutes les années de la période 1853 à 1863. Nous avons rapproché des résultats de nos calculs les prix des mercuriales du marché de Douai. Nous avons trouvé :

Années.	Prix de revient annuel de l'hectol. de blé tous frais comptés.	Rendement par hectare.	Prix de l'hectol. de blé d'après les mercuriales du marché de Douai, en octobre chaque année.
	fr.	hectol.	fr.
1853	25.62	22.82	28.16
1854	15.56	36.55	26.10
1855	32.53	20.72	38.25
1856	15.68	38.91	29.00
1857	11.84	41.09	20.50
1858	25.12	24.31	18.50
1859	16.00	34.07	17.25
1860	12.17	39.97	21.50
1861	28.63	23.15	29.25
1862	16.72	33.21	22.15
1863	13.40	38.05	20.17

Un premier résultat se déduit tout de suite de ces chiffres ; c'est qu'il n'y a rien de plus variable d'une année à l'autre que ce qu'on appelle le prix de revient du blé sur un domaine ; la variation est plus grande que du simple au double, ainsi qu'il arrive d'ailleurs de la variation du rendement de l'hectare dont nous avons voulu rappeler en ce moment les chiffres à l'attention du lecteur. Notez bien, d'ailleurs, que, jusqu'à présent, un pareil fait semble se manifester, sans que l'agriculteur ait la moindre influence sur sa production. Il semble néanmoins que, dans une culture aussi soignée que celle de Masny, les oscillations sont maintenues dans de plus étroites limites qu'on ne l'a constaté ailleurs.

Nous ne devons pas omettre de mentionner ici une remarque : c'est que si l'on prenait la moyenne des onze prix de revient du tableau ci-dessus, on trouverait 18 fr. 48, nombre bien supérieur à celui de 16 fr. 05, que nous avons déduit du calcul dans lequel nous avons fait intervenir les quantités produites annuellement. On calcule, en effet, très-mal les prix moyens quand on ne tient pas compte des masses des produits et quand on considère seulement les valeurs. Les erreurs de ce genre sont cependant très-fréquentes ; on peut les remarquer dans la plupart des écrits des économistes et des statisticiens. L'influence essentielle sur le prix de revient, dans une culture bien dirigée, est, en effet, le rendement annuel ; le prix de revient suit presque exactement, en sens inverse, l'ordre du rendement, ainsi que le font voir les chiffres des rendements rangés suivant leur décroissance :

Nos d'ordre d'après le plus fort rendement.	Années.	Rendement à l'hectare.	Prix de revient à l'hectolitre.	Prix de l'hect. sur le marché de Douai.
		hectol.	fr.	fr.
1. —	1857. . . .	41.09	11.84	20.50
2. —	1860. . . .	39.97	12.17	21.50
3. —	1856. . . .	38.91	15.68	29.00
4. —	1863. . . .	38.05	13.40	20.17
5. —	1854. . . .	36.55	15.58	26.10
6. —	1859. . . .	34.07	16.00	17.25
7. —	1862. . . .	33.21	16.72	22.15
8. —	1858. . . .	24.31	25.12	18.50
9. —	1861. . . .	23.15	28.63	29.25
10. —	1853. . . .	22.82	25.62	28.16
11. —	1855. . . .	20.72	32.53	38.15

Ainsi, à deux exceptions près (1856 et 1853), c'est le rendement qui a déterminé le prix de revient, et cela devait être dans une culture bien réglée.

Au contraire, les prix du marché sont très-loin de suivre toujours l'ordre du rendement d'une ferme particulière. Il y a eu à Masny 7 exceptions sur 11. C'est ce qui explique pourquoi, à un moment donné, certains agriculteurs peuvent se plaindre alors que d'autres se montrent très-satisfaits. Une année n'est jamais absolument et également bonne pour tous les agriculteurs d'un pays.

Quelle est maintenant la décomposition du prix de revient du blé ? C'est une autre question qu'il nous faut examiner afin qu'on puisse se rendre compte de l'influence relative des éléments de ce prix et chercher, en connaissance de cause, l'action que des réformes ou des progrès peuvent exercer sur le prix des subsistances. Les détails que nous avons donnés précédemment pour les années 1862 et 1863 (chap. x, p 58 et 59), nous permettent d'établir le décompte suivant pour un total de 5,019 hectolitres de grain et 646,196 kilogr. de paille récoltés sur une superficie totale de 141 hectares :

	fr.
Labours préparatoires et semences	13,650.48
Engrais	13,070.05
Binages et sarclages	1,744.55
Frais de moisson	8,156.40
Frais de battage	5,182.65
Impositions	2,346.30
Fermage	19,543.83
Rente du capital d'exploitation	10,421.30
Loyer et entretien des bâtiments d'exploitation et des chemins	8,472.42
Direction de l'exploitation et frais divers	16,878.50
Frais totaux pour 5,015 hectolitres de grain et 646,196 kilogrammes de paille	99,466.48

Il est évident qu'il faut appliquer une partie de ces

frais à la production de la paille qui, dans la comptabilité de Masny, est comptée à raison de 36 fr. les 1,000 kilogrammes, et fournit une valeur de 23,263 fr. 06. On voit facilement, d'après cela, qu'il faut opérer sur tous les chapitres une réduction qui les ramène aux 0.765 de leur valeur. On a alors les frais suivants en totalité, et, en divisant par 5,015, pour chaque hectolitre :

	Frais pour 5,015 hectol.	Frais par hectolitre de blé.
	fr.	fr.
Labours préparatoires et semences. . . .	10,442.62	2.08
Engrais.	9,998.59	1.99
Binages et sarclages	1,341.58	0.26
Frais de moisson	6,289.55	1.25
Frais de battage.	3,964.73	0.79
Impositions	1,794.52	0.36
Fermage ou loyer de la terre	14,950.03	2.98
Rente du capital d'exploitation	7,972.29	1.59
Loyer et entretien des bâtiments d'exploitation et des chemins	6,481.40	1.29
Direction de l'exploitation et frais divers.	12,912.05	2.58
Frais totaux.	76,097.36	15.17

Mais pour que les enseignements soient plus pratiques, nous devons chercher ce qui, dans ces chiffres, représente la main-d'œuvre, puis la force motrice et enfin les matières diverses (machines ou instruments, fer, paille de seigle pour liens, semences) employées comme agents de production. Nous trouvons, après la réduction exigée pour tenir compte de la paille, les chiffres suivants :

	Pour 5,015 hectol.	Par hectolitre.
	fr.	fr.
Force motrice (chevaux, charbon de terre).	7,018.26	1.39
Engrais	9,998.59	1.99
Main-d'œuvre d'ouvriers	7,928.48	1.58
A reporter.	24,945.33	4.96

	fr.	fr.
Report. . . .	24,945.38	4.96
Matières diverses (machines, liens, semences).	7,041.74	1.41
Impositions	1,794.52	0.36
Fermage ou loyer de la terre	14,950.03	2.98
Rente du capital d'exploitation.	7,972.29	1.59
Loyer et entretien des bâtiments d'exploitation et des chemins.	6,481.40	1.29
Direction de l'exploitation et frais divers.	12,912.05	2.58
	76,097.36	15.17

Si maintenant, d'une part, nous ramenons tous ces chiffres au prix moyen général de toute la série des onze années, c'est-à-dire à 16 fr. 05, et si, d'autre part, nous les transformons de manière à obtenir le prix de revient du quintal, en supposant un poids de l'hectolitre égal à 75 kilog., ce qui est une moyenne vraie quand on compte ensemble toutes les qualités, nous obtenons le tableau suivant pour la décomposition du prix de revient du blé à Masny :

	Par hectol.	Pour 100 kil.	Sur une valeur de 100 fr.
	fr.	fr.	
Force motrice pour labours, transports et battage.	1.47	1.96	9.17
Engrais	2.11	2.82	13.18
Main-d'œuvre (charretiers compris) . . .	1.67	2.23	10.42
Outils et semences.	1.49	1.99	9.30
Impositions	0.37	0.49	2.28
Fermage ou rente du propriétaire. . . .	3.16	4.21	19.68
Rente du capital d'exploitation.	1.68	2.24	10.46
Loyer et entretien des bâtiments et des chemins.	1.36	1.81	8.45
Direction ou honoraires du fermier. . . .	2.74	3.65	17.06
Totaux.	16.05	21.40	100.00

Ainsi 1,000 kilogrammes de froment coûtent, à Masny, en moyenne, en calculant sur une période de onze ans, 214 fr.

Les impôts n'entrent que pour une très-faible part,

2 à 3 pour 100 seulement dans le total du prix de revient ; il faut donc reconnaître que de ce côté on ne peut pas demander grand'chose au gouvernement.

La main-d'œuvre en elle-même ne grève le prix de revient que pour 10 pour 100 environ. Mais en revanche la force motrice, le loyer des bâtiments, l'entretien des chemins et les engrais forment un total de plus de 30 pour 100 ; il serait certainement possible de restreindre quelques-unes de ces dépenses, d'obtenir les engrais à meilleur marché, d'avoir, comme le font les cultivateurs de la Grande-Bretagne, des bâtiments moins coûteux.

La rente du propriétaire et celle du capital d'exploitation dépassent aussi ensemble 30 pour 100; mais il ne serait sans doute pas possible d'obtenir d'aussi belles et abondantes récoltes que celles de Masny, si on n'entretenait pas un bétail aussi considérable ; d'autre part, lorsque le produit de la terre s'élève, on conçoit que son prix augmente et que par conséquent le fermage s'accroît naturellement ; et on ne peut pas dire, quant à présent, que les capitaux placés en terres rapportent une rente trop élevée, eu égard aux intérêts que donnent aujourd'hui les valeurs mobilières.

Les frais de direction et les honoraires du fermier peuvent être considérés comme représentant aussi une sorte de main-d'œuvre, car ils renferment les salaires des différents agents de l'exploitation. La main-d'œuvre forme, en conséquence, environ 27 pour 100 du prix de revient du blé. Ce chapitre pourra être un peu diminué par une certaine extension de l'emploi des machines qui déjà, du reste, sont très-fort en usage sur la ferme de Masny.

Aussi, en résumé, nous n'estimons pas que le prix de revient du blé puisse beaucoup s'abaisser au-dessous de 21 fr. le quintal, ou 16 fr. l'hectolitre, à moins qu'on ne prétende faire payer aux autres cultures tout ou partie du fermage et des frais généraux divers. Mais alors la production du blé ne devrait plus être considérée que comme une charge pour le cultivateur du Nord, et il arriverait peu à peu à y renoncer, si toutefois les autres cultures donnaient des résultats plus favorables. Or, il n'en a pas été ainsi jusqu'à présent à Masny, puisque, sur la période totale des onze années de notre étude, les bénéfices par hectare ont été les suivants :

Blé	256 fr.
Lin	220
Seigle	127
Betterave	85
Avoine	17

Quant aux cultures fourragères, elles sont absorbées dans la ferme pour la nourriture du bétail ; par conséquent, si l'engraissement pratiqué donne des bénéfices, elles sont avantageuses dans une certaine mesure; mais elles ne pourraient prendre une grande extension qu'au détriment des autres cultures et notamment de celle de la betterave, qui forme la base essentielle du système cultural de la région du Nord. C'est au moyen de la pulpe de betterave, en effet, que l'on nourrit la plus grande partie du bétail. Les autres matières fourragères, foins de prairies naturelles et artificielles, féveroles, hivernages, etc., ne sont, avec les tourteaux, que des moyens de rendre l'alimentation avec la pulpe supportable pour le bétail.

CHAPITRE XLI

PRIX DE REVIENT DU LIN.

Comme, sur la ferme de Masny, la récolte de lin a été souvent vendue sur pied, sans que le cultivateur ait eu la possibilité d'évaluer à part soit la graine, soit les tiges, nous ne pourrons pas faire porter nos calculs d'estimation du prix de revient de cette culture sur la série entière des onze années de notre étude. Nous devrons nous borner aux deux années 1862 et 1863 (chap. XI, p. 71 et 72). Nous trouvons, pour une récolte totale de 155,370 kilog. de tiges et de 235 hectolitres de graines, les frais suivants :

	fr.
Labours préparatoires et semences.	5,526.00
Engrais.	3,943.53
Sarclages.	970.90
Frais de récoltes.	3,603.15
Impositions.	444.98
A reporter.	14,488.56

	fr.
Report.	14,488.56
Fermage.	3,653.51
Rente du capital d'exploitation.	1,969.65
Loyer et entretien des bâtiments d'exploitation et des chemins	1,650.19
Direction de l'exploitation et frais divers.	3,348.83
Frais totaux.	25,110.74

Il faut retrancher du total de ces frais le prix de 235 hectolitres de graines, soit 7,087 fr. Si nous opérons la réduction proportionnelle sur chacun des chapitres du décompte ci-dessus donné, nous obtenons le tableau suivant :

	Frais totaux pour 155,370 kilog.	Frais pour 1,000 kilog. de tiges.
	fr.	fr.
Labours préparatoires et semences. . .	3,967.67	25.53
Engrais	2,831.45	18.28
Sarclages	697.11	4.48
Frais de récoltes.	2,587.06	16.65
Impositions	319.50	2.05
Fermage	2,623.22	16.87
Rente du capital d'exploitation . . .	1,414.21	9.10
Loyer et entretien des bâtiments d'exploitation et des chemins.	1,184.84	7.62
Direction de l'exploitation et frais divers.	2,398.68	15.42
Totaux.	18,023.74	116.00

Si, enfin, nous transformons encore quelques-uns de ces chiffres de manière à faire ressortir la part des salaires des ouvriers, le prix de la force motrice, etc., et aussi de manière à calculer les rapports respectifs des diverses sortes de dépenses, nous arrivons aux résultats qui suivent :

	Frais totaux pour 155,370 kilog.	Frais pour 1,000 kilog. de tiges.	Sur une valeur de 100 fr.
	fr.	fr.	
Force motrice.	2,052.04	13.20	11.38
Engrais.	2,831.45	18.28	15.77
A reporter.	4,883.49	31.48	27.15

	fr.	fr.	
Report.	4,883.49	31.48	27.15
Main-d'œuvre d'ouvriers . . .	2,796.01	17.35	14.96
Outils et semences.	2,403.79	16.11	13.89
Impositions	319.50	2.05	1.76
Rente du propriétaire. . . .	2,623.22	16.87	14.55
Rente du capital d'exploitation.	1,414.21	9.10	7.85
Loyer et entretien des bâtiments et chemins.	1,184.84	7.62	6.54
Direction par le fermier. . .	2,398.68	15.42	13.30
Totaux.	18,023.74	116.00	100.00

Ainsi les 1,000 kilog. de fibres de lin desséchées et bonnes à être livrées au rouissage, ne reviennent, à Masny, qu'à 116 fr. La main-d'œuvre des ouvriers et de tous les agents ne forme que 31 pour 100 environ des frais totaux. Le loyer de la terre, les impositions et la rente du capital d'exploitation s'élèvent à 28 pour 100 ; enfin les engrais, la force motrice, les outils et semences donnent un total de 48 pour 100 environ. L'ensemble de ces derniers frais est, comme on le voit, beaucoup plus considérable pour le lin que pour le blé.

CHAPITRE XLII

PRIX DE REVIENT DES BETTERAVES.

Nous opérerons, pour avoir le prix de revient des 1,000 kilog. de betteraves, comme nous avons fait pour le blé.

La culture des betteraves a été faite en onze ans sur une surface de 741 hectares et a produit 34,354,000 kilogrammes. Les frais totaux (chap. XII, p. 77) se sont élevés à 633,109 fr., auxquels il faut ajouter 6,669 fr. en raison de la valeur un peu trop faible attribuée dans la comptabilité au fumier de ferme. Le prix de revient moyen des 1,000 kilog. a donc été, pour la période entière, de 18 fr. 60. Les prix de revient annuels ont, comme pour toutes les autres récoltes, beaucoup oscillé autour de ce chiffre, et c'est ce que l'on peut voir par le tableau suivant, dans lequel nous rapprochons des prix de revient les prix de vente par la ferme à la fabrique de sucre de Masny :

Années.	Prix de revient des 1,000 kilogrammes de betteraves leurs frais comptés.	Prix de vente par la ferme à la fabrique.
	fr.	fr.
1853.	16.27	18.66
1854.	22.09	22.00
1855.	16.48	22.04
1856.	17.22	24.31
1857.	16.87	24.19
1858.	16.95	20.46
1859.	14.45	17.05
1860.	19.87	18 44
1861.	23.02	16.69
1862.	18.25	20.24
1863.	26.66	19.52

La moyenne de ces différents prix de revient est de 18 fr. 92; elle ne diffère pas de beaucoup du prix moyen des onze années que nous avons trouvé plus haut, 18 fr. 60.

La moyenne des prix de vente par la ferme à la fabrique de sucre de Masny est de 20 fr. 32. Il y a eu, par conséquent, un bénéfice moyen de 1 fr. 40 a 1 fr. 72 par 1,000 kilogrammes, quoique en certaines années, par exemple en 1861 et en 1863, années où la récolte des betteraves a été mauvaise, la culture ait éprouvé des pertes considérables.

Si nous cherchons maintenant à décomposer le prix de revient, nous arrivons aux résultats suivants, en nous servant des détails donnés dans le chapitre XII pour les deux années 1862 et 1863, et en supposant pour ces années un rendement qui fera ressortir le prix au taux de 18 fr. 60 :

	Frais totaux pour 7,806,075 kilog. de betteraves.	Frais par 1,000 kilog. de betteraves.	Sur une valeur de 100 fr.
	fr.	fr.	
Force motrice.	24,881	3.18	17.1
Engrais.	40,368	5.17	27.8
Main-d'œuvre d'ouvriers	23,902	3.06	16.4
Semence..	2,157	0.27	1.4
Impositions.	2,241	0.29	1.6
Rente du propriétaire	18,609	2.38	12.8
Rente du capital d'exploitation . . .	9,948	1.27	6.8
Loyer et entretien des bâtiments et chemins..	8,144	1.04	5.6
Direction par le fermier	14,943	1.94	10 5
	145,193	18.60	100.0

On voit que, dans le prix de revient de la betterave, les engrais entrent pour une quote-part beaucoup plus forte que dans celui de toutes les autres récoltes; cette part s'élève à 27.8 pour 100 et la main-d'œuvre de toute nature entre dans le prix de revient pour une somme presque égale (26.9). C'est pour la betterave que le cultivateur du Nord fait le plus de dépenses; par suite cette culture donne proportionnellement moins au propriétaire du sol et au capital d'exploitation.

CHAPITRE XLIII

PRIX DE REVIENT DE L'AVOINE.

Toute l'avoine est consommée à Masny dans l'intérieur de la ferme; cette céréale n'y est pas cultivée comme spéculation; les frais auxquels elle donne lieu ne sauraient donc être pris comme une règle de ce qu'ils seraient dans la contrée pour la production d'un grain qu'on conduirait au marché; néanmoins, on lira avec intérêt les résultats suivants déduits de la comptabilité.

La récolte totale en onze ans, sur 125 hectares, a été de 7,606 hectolitres d'avoine et 573,420 kilogrammes de paille (voir chap. XIII, p. 87 et 88). Le rapport de la paille au grain a été de $75^k.39$ de paille par hectolitre d'avoine. Cette récolte a donné lieu, si nous calculons comme nous l'avons fait dans les trois chapitres précédents, à une dépense totale de 86,361 fr. $+ 9 \times 125$

= 87,486 fr. Si, de cette somme, on retranche 20,643 fr. pour la valeur de la paille, il reste 66,843 fr. pour le grain. Le prix de revient moyen général a été, par conséquent, de 8 fr. 78 par hectolitre pour toute la période.

En faisant le même calcul pour chaque année et en rapprochant les résultats des prix de l'hectolitre d'après les mercuriales de Douai en octobre, nous obtenons le tableau suivant :

Années.	Prix de revient de l'hectolitre d'avoine.	Prix de l'hectol. d'avoine d'après les mercuriales de Douai.
	fr.	fr.
1853.	21.04	7.00
1854.	8.40	8.50
1855.	6.00	9.50
1856.	6.13	7.50
1857.	11.02	9.00
1858.	5.12	10.00
1859.	10.61	7.50
1860.	10.83	10.00
1861.	9.18	8.75
1862.	5.82	9.00
1863.	7.95	7.15

La moyenne des onze prix de revient est de 9 fr. 28, et celle des onze prix des mercuriales de Douai de 8 fr. 54. On voit donc que, soit que l'on examine la moyenne des prix de revient annuels, soit qu'on prenne le prix de revient moyen général, la ferme de Masny eût été en perte sur l'avoine si elle avait vendu sa récolte sur le marché au lieu de la conserver. On voit aussi que les variations du prix de revient sont bien plus considérables pour l'avoine que pour toutes les autres récoltes; elles vont du simple au triple et même au quadruple; mais, nous le répétons, elles peuvent s'expliquer en partie par les abondantes fumures que M. Fiévet donne aux terres emblavées en avoine. L'avoine ne prend pas la moitié de ces fumures qu'on porte à son débit; ces fumures profitent aux récoltes suivantes, au lin notamment, dont le compte n'est peut-être pas chargé de tout l'engrais qu'il absorbe.

Quoi qu'il en soit, si nous cherchons à décomposer le prix de revient d'après la comptabilité de Masny, nous arrivons aux résultats suivants :

	Par hectolitre.	Par 100 kilogrammes.	Sur une valeur de 100 fr.
	fr.	fr.	fr.
Force motrice	1.28	2.72	14.58
Engrais	1.28	2.72	14.58
Main-d'œuvre d'ouvriers	1.23	2.61	13.98
Outils et semence	0.25	0.53	2.95
Impositions	0.20	0.42	2.25
Rente du propriétaire	1.60	3.41	18.28
Rente du capital d'exploitation	0.86	1.83	9.81
Loyer et entretien des bâtiments et chemins	0.70	1.48	7.93
Direction par le fermier	1.38	2.93	15.64
Totaux	8.78	18.65	100.00

La rente du propriétaire et du capital forment 28.09 pour 100 des frais totaux; les salaires, tant des ouvriers que de la direction de l'exploitation, 29.62 pour 100; les engrais entrent en ligne pour 14.58 pour 100; enfin la force mécanique et l'entretien du matériel de l'exploitation et de la viabilité du domaine font 27.71. Ces chiffres ne s'éloignent pas beaucoup de ceux qui résultent du compte du prix de revient du blé.

CHAPITRE XLIV

PRIX DE REVIENT DU SEIGLE.

La culture du seigle n'étant faite à Masny que pour procurer la paille nécessaire aux liens, n'a pas, comme on l'a vu, une grande importance (chap. XIV, p. 93 à 98). La récolte totale en onze ans sur 41 hectares a été 1,060 hectol. de grain et 214,000 kilog. de paille; on a récolté environ 200 kilog. de paille pour un hectolitre de seigle. La récolte totale tant en grain qu'en paille a donné lieu à une dépense totale de 23,594 fr. $+ 9 \times 41 = 23{,}903$ fr. Si l'on déduit 10,700 fr. pour la valeur de la paille comptée à 50 fr. les 1,000 kilog., il reste 13,203 fr. pour 1,060 hectolitres, ce qui donne un prix de revient moyen de 12 fr. 45 par hectolitre.

En effectuant les calculs des prix de revient année

par année, et en rapprochant les résultats ainsi obtenus des cours du seigle sur le marché de Douai au mois d'octobre, nous formons le tableau suivant :

Années.	Prix de revient de l'hectolitre de seigle. fr.	Prix de l'hectolitre de seigle d'après les mercuriales de Douai. fr.
1853........	12.20	15.50
1854..............	18.97	14.25
1855..............	12.21	18.50
1856..............	14.93	15.33
1857..............	12.74	12.25
1858..............	5.29	11.25
1859............ .	24 05	11.50
1860..............	16.13	12.50
1861..............	12.46	15.50
1862..............	11.93	12.75
1863..............	7.00	11.48

La moyenne des onze prix de revient est de 13 fr. 44, et celle des onze prix des mercuriales de Douai de 13 fr. 71 ; le bénéfice de cette culture au point de vue du gain serait donc extrêmement faible. Le prix de revient réel est un peu plus faible (12 fr. 45) que celui qui résulte de la simple moyenne des prix de revient partiels, moyenne qui ne tient pas compte des masses respectives des produits.

Le prix de revient du quintal de seigle est de 17 fr. 30; on a vu que celui de l'avoine était de 18 fr. 65, et celui du blé de 21 fr. 40. A poids égal, le seigle est le grain qui coûte le moins au cultivateur, en raison de la plus grande valeur de sa paille. Nous ne croyons pas utile de chercher à décomposer les divers éléments de son prix de revient; le calcul ne nous donnerait que des résultats analogues à ceux déjà obtenus pour le blé.

CHAPITRE XLV

PRIX DE REVIENT DES RÉCOLTES FOURRAGÈRES.

Sur la ferme de Masny, outre les pulpes de betteraves, les divers aliments achetés pour le bétail, sans compter les pailles de céréales, les nourritures fourragères consistent dans les prairies artificielles et naturelles, les féveroles et les hivernages. Nous réunissons le calcul des prix de revient de tous ces produits dans un même chapitre, qui aura l'avantage de rapprocher des matières de même ordre et de même utilité.

Pour les prairies naturelles et artificielles (voir chap. XV, p. 99 à 109), la comptabilité de Masny ne nous a permis de supputer que les résultats de dix ans seulement (1854-1863).

Pendant cet intervalle, une surface totale de 130 hectares de prairies artificielles a fourni 943,000 kilog. de foin sec ayant coûté $57,821 + 130 \times 9 = 58,991$ fr. Le prix moyen des 1,000 kilog. a été par conséquent de 62 fr. 55.

Quant aux prairies dites naturelles, sur une surface totale de 32 hectares, en dix ans, il a été récolté 150,000 kilog. de foin sec. La dépense a été de 16,029 fr. Le prix de revient moyen des 1,000 kil. de foin doit donc être estimé à 106 fr. 86; mais il faut rappeler que le prix de la création des prés est compté dans le total des dépenses effectuées.

La surface totale consacrée aux féveroles a été de 60 hectares en onze ans; on a récolté 267,000 kilog. de fourrage sec, paille et grain pris ensemble (voir chap. XVI, p. 110 à 118), pour une dépense totale de 41,636 fr. consacrée à payer tous les frais possibles. Si l'on divise cette somme de 41,636 fr. par le nombre de milliers de kilogrammes de fourrage sec obtenu, on a le prix moyen général de 156 fr.

Les hivernages sont les fourrages les plus estimés par les agriculteurs du Nord, particulièrement dans les cantons des environs de Douai. Sur une surface totale de 37 hectares, il a été récolté en onze ans 294,000 kilog. de fourrage sec, moyennant une dépense totale de 18,373 francs. Le prix moyen général des 1,000 kilog. d'hivernage (voir chap. XVII, p. 119 à 124) a donc été de 62 fr. 49, c'est-à-dire le même que celui des 1,000 kilogrammes de fourrage artificiel; or on a vu combien la qualité nutritive est supérieure, et c'est ce qui explique la faveur dont cette sorte de fourrage jouit dans le Nord pour la nourriture du bétail.

Si nous effectuons les mêmes calculs, année par année, pour les quatre espèces de fourrages, nous trouvons, pour les 1,000 kilog., les prix de revient annuels qui suivent :

Années.	Prix de revient de 1,000 kil. de foin de prairies artificielles. fr.	Prix de revient de 1,000 kil. de foin de prairies naturelles. fr.	Prix de revient de 1,000 kil. de féveroles, paille et grain. fr.	Prix de revient de 1,000 kil. d'hivernage. fr.
1853	»	»	183.87	58.33
1854	41.89	79.03	148.48	69.95
1855	53.17	98.53	80.57	52.97
1856	52.72	122.98	123.03	53.42
1857	53.02	136.70	165.77	116.06
1858	91.40	111.44	200.14	61.81
1859	73.87	58.32	188.20	48.49
1860	61.88	74.49	111.97	96.28
1861	91.87	87.97	173.68	73,35
1862	58.65	129.69	180.86	52.36
1863	68.39	125.56	134.83	84.80
Prix moyens déduits des prix annuels..	64.59	104.31	153.85	69.82

On reconnaît par les chiffres de ce tableau qu'il est aussi impossible pour les récoltes fourragères que pour toutes les autres, de dresser un prix de revient d'après les résultats d'une seule année, car ces résultats peuvent varier du simple au double. Les alternatives de bonnes et de mauvaises récoltes font qu'il est nécessaire qu'un assez grand nombre d'années s'écoulent, pour que le cultivateur ait la certitude d'obtenir une rémunération suffisante de son travail. Alors seulement le prix de revient moyen peut être audessus du cours moyen sur les marchés. Lorsqu'on calcule les résultats d'une seule année ou même d'une série d'années trop courte, on est exposé à commettre de graves erreurs, soit dans un sens, soit dans l'autre; on peut être encouragé à continuer une culture peu avantageuse ou bien à renoncer à une culture susceptible de fournir de bons résultats. La difficulté des expériences agricoles est toujours de demander l'épreuve du temps.

Dans la situation de la ferme de Masny, a culture des féveroles, dont le prix réel n'est pas supérieur à 128 fr., ne peut donner lieu qu'à des pertes, et M. Fiévet a raison d'y renoncer.

La culture des hivernages (mélange de seigle et de vesces) est au contraire avantageuse, car la valeur réelle en est de 84 fr., et le prix de revient moyen de 70 fr. environ.

Les prairies dites artificielles donnent des récoltes dont le prix de revient correspond à peu près aux valeurs réelles du fourrage produit; mais il n'en est pas de même des prairies naturelles, qui auraient besoin d'être irriguées pour arriver à donner du foin dans de bonnes conditions. Alors on pourrait augmenter leur étendue, quoique l'utilité de cette modification ne soit pas absolument démontrée pour une ferme où la spéculation réside dans la production du sucre, du blé, du lin et de la viande comme denrées d'exportation, où 55 pour 100 des terres donnent soit des récoltes fourragères, soit des récoltes consommées dans le domaine, où enfin on fait une forte importation d'engrais pour les champs et de nourriture pour le bétail.

CHAPITRE XLVI

CONCLUSIONS.

Le succès de la culture de la ferme de Masny a été obtenu, comme le montrent tous les détails dans lesquels la comptabilité, organisée par M. Fiévet et tenue avec un grand soin par son agent comptable, nous a permis d'entrer, en élevant considérablement le rendement de la terre par les plus abondantes fumures, répétées dans un sol d'alluvion profondément défoncé et amendé depuis longtemps.

Le directeur de ce beau domaine s'est attaché constamment à importer des engrais, de manière à combler, s'il était possible, plus que le vide produit par la vente des produits du sol. Sauf pour un seul des éléments indispensables aux plantes, pour la potasse, il a réussi à résoudre ce problème en réalisant un bénéfice marqué pour lui-même, en payant un fort fermage, en livrant au pays des produits utiles qui égalent s'ils ne dépassent ceux fournis par les exploitations rurales réputées les plus avancées dans le monde entier.

Un seul chiffre, que nous allons rapporter, permet de juger l'état de haute fertilité de la ferme de Masny. Sur une moyenne de onze ans et sur un emblavement en blé de 65 hectares par chaque année, le rendement est de 32 hectolitres par hectare, et il s'est élevé parfois au delà de 41 hectolitres pour tout l'ensemble de la culture.

Le produit du lin est de 5,000 à 6,000 kilogrammes de tiges et de 9 à 11 hectolitres de graine.

La récolte moyenne en betteraves est de 50,000 kilogrammes environ.

Le rendement moyen de l'hectare d'avoine a été en onze ans de 61 hectolitres.

Mais il ne suffit pas de produire beaucoup, il faut encore produire économiquement. Or, il en est ainsi à Masny, car le prix de revient moyen général de l'hectolitre de blé, par exemple, ne s'élève qu'à 16 francs, et dans cette somme se trouve comprise une rémunération convenable pour l'exploitant du sol.

Le tableau suivant représente la décomposition centésimale du prix de revient des quatre principales denrées produites à Masny, savoir : le blé, l'avoine, les betteraves et le lin.

		Blé.		Avoine.		Betteraves.		Lin.		Moyennes.	
Salaires.	Ouvriers	10.42	27.48	13.98	29.62	16.40	26.90	14.96	28.26	13.94	28.06
	Direction de l'exploitation	17.06		15.64		10.50		13 30		14.12	
Rente.	du sol, ou fermage	19.68	30.14	18.28	28.07	12.80	19.40	14.55	22.40	16.33	25.06
	du capital d'exploitation	10.46		9.81		6.30		7.85		8.73	
Engrais			13.18		14.58		27.80		15.77		17.83
Force mécanique, semences, matériel, chemins			26 92		25.48		24.30		31.81		27.08
Impôt foncier			2.28		2.25		1.60		1.76		1.97
			100.00		100.00		100.00		100.00		100.00

On voit que l'impôt direct payé par la terre n'entre dans le prix de revient que pour une si faible fraction, que, de ce côté, on ne peut pas arriver à une diminution sensible du prix de revient. Des engrais plus abondants ou moins chers, une force motrice moins coûteuse seraient de nature à abaisser le prix de la production. La rente du sol doit toujours être payée au propriétaire; le capital employé en fonds de roulement et en cheptel demande toujours son revenu. Les salaires des ouvriers augmenteront toujours. Quant à la part de salaires indiquée pour représenter la direction, elle renferme des frais généraux de surveillance, de comptabilité, les gages des maîtres-valets, etc., et elle ne peut guère non plus être diminuée. Sur tous ces points il ne faut pas espérer trouver des économies à faire. Si l'on disait que la rente de la terre est très-considérable à Masny, il faudrait faire remarquer que c'est là une conséquence de la haute fertilité à laquelle le sol a été amené par une longue série d'années de culture très-soignée.

Le prix de revient des 100 kilogrammes de matière végétale est, à Masny, d'après les détails précédemment donnés :

		fr.
Pour le blé	de	21.40
Pour l'avoine	de	18.65
Pour le seigle..	de	17.30
Pour le lin (tiges)	de	11.60
Pour les betteraves (racines fraîches) . .	de	1.86

Si l'on ramenait les betteraves à l'état sec, en leur

supposant 83.5 pour 100 d'eau, on trouverait $11^{f}.30$ pour le prix de revient des 100 kilogrammes; c'est la matière organique qui est obtenue au meilleur marché, et c'est elle qui fait la richesse de l'agriculture du Nord.

FIN DE L'ÉTUDE SUR LA FERME DE MASNY.

TABLE DES PLANCHES ET FIGURES.

TABLE DES MATIÈRES.

1ᵉʳ mars 81

FIN DU PREMIER VOLUME DE L'AGRICULTURE DU NORD.

www.ingramcontent.com/pod-product-compliance
Ingram Content Group UK Ltd.
Pitfield, Milton Keynes, MK11 3LW, UK
UKHW022006170726
13837UKWH00001B/10

9 782019 991128